丛书主编　禹奇才

生态文明知识科普丛书

美丽中国之

垃圾分类资源化

胡贵平　编著

廣東省出版集團
广东科技出版社
·广州·

图书在版编目（CIP）数据

美丽中国之垃圾分类资源化 / 胡贵平编著 . —广州：广东科技出版社，2013.4（2019.12重印）
（生态文明知识科普丛书 / 禹奇才主编）
ISBN 978-7-5359-6106-8

Ⅰ. ①美… Ⅱ. ①胡… Ⅲ. ①垃圾处理②垃圾—废物综合利用 Ⅳ. ① X705

中国版本图书馆 CIP 数据核字（2013）第 053370 号

策　　划：丁春玲　黄　铸
责任编辑：黄　铸
美术总监：林少娟
装帧设计：庄　周　陈　伟
责任校对：陈素华
责任印制：吴华莲

Meili Zhongguo zhi Laji Fenlei Ziyuanhua

出版发行：广东科技出版社
（广州市环市东路水荫路 11 号　邮政编码：510075）
http://www.gdstp.com.cn
E-mail:gdkjyxb@gdstp.com.cn（营销中心）
E-mail:gdkjzbb@gdstp.com.cn（编务室）
经　　销：广东新华发行集团股份有限公司
印　　刷：广东信源彩色印务有限公司
（广州市番禺区南村镇南村村东兴工业园　邮政编码：511442）
规　　格：889mm×1 194mm　1/32　印张 3　字数 66 千
版　　次：2013 年 4 月第 1 版
2019 年 12 月第 7 次印刷
定　　价：25.00 元

CONTENTS 目录

垃圾记得
要分类哦~
有害垃圾
Harmful waste
可回收物
Recyclable
其他垃圾
Other waste
餐厨垃圾
Kitchen waste

Part 1 垃圾围城

亲爱的朋友，在享受现代丰富的物质生活之时，你是否意识到垃圾也向我们逼近，是否意识到我们已经快生活在垃圾之中了？据统计，全国近 700 座城市中，已经有 2/3 的城市处在垃圾的包围之中，有 1/4 已经没多少垃圾填埋或堆放的场地了。毫不夸张地说，我们现在真的已处于“垃圾围城”的境地（如图 1-1）。

图 1-1　垃圾围城

一、垃圾大量产生

垃圾与人类的文明同行，伴随人类从游牧文明和农业文明一直走到了工业文明。垃圾的历史也是人类物质文明的历史。我们的史前祖先把垃圾扔到土坑里，逐渐充满的垃圾将他们挤出去，然后他们就去找新的居住地。若干世纪以后，他们成为定居民族，便把消化垃圾的事交给大自然来处理，实行掩埋、堆肥、焚烧，或给牲畜做饲料。这种自然生态的循环却被城市化的发展阻断了，城市垃圾逐渐变成了废弃物，被简单地清出城外。随着城市的扩大和人口的增加，城市生活垃圾持续增长，特别是进入工业文明以来，大规模的工业生产活动获得的产品被快速消费，以追求物质享受为特点的现代文明更是放弃了勤俭的生活方式，人们不再修修补补，随手扔掉旧的，即刻替换成新的：从一次性用具到日常用品再到耐用品，从矿泉水瓶到汽车等各种各样用品在经历了短暂的生命周期后就被淘汰了，生产过程和消费过程产生的垃圾数量形成加速增长的局面。1982 年，一个国际大都市居民人均每天扔掉 200g 垃圾，到了 1992 年人均每天扔掉 700g 垃圾，1994 年人均每天扔掉 1600g 垃圾，而目前人均每天扔掉 3 000g 垃圾。即使按照每人每年平均产生 300kg 垃圾计，以现有世界人口估算，60 年的垃圾总量如果全部堆放在赤道圈上，可堆成高 5~10m、宽 1 000m 的巨大垃圾墙。这就等于把整个地壳的岩石圈和水圈外又镶上了一个垃圾圈，垃圾已经开始围困着全球的陆地和海洋，污染全球的环境。数量如此巨大的垃圾如果不能及时得到无害化和减量化处理，将对人们的生命健康和社会的可持续发展造成重大威胁，甚至影响到人类的美丽家园——地球的生存和发展。因此，如何科学合理且经济有效地消纳城市生活垃圾已成为世界各国共同面对的一个刻不容缓的问题。

中国是人口大国、能源生产大国，同时也是垃圾生产大国，在经济快速发展的同时，面临着能源短缺和环境保护的双重压力。特别是近几十年，随着城市化进程的加快、城市人口数量的增加和人民生活水平的不断提高，我国城市生活垃圾的增长异常迅速。城市人口数量已经成为影响我国城市生活垃圾总量的主要因素。最新研究数据显示，到“十二五”期末，我国城镇化率将

图 1-2　乡镇垃圾问题也严重

突破 50%，城镇人口预计达到 7 亿人。统计资料表明，我国城市人均年产垃圾 400~500kg，目前我国 668 座城市垃圾年产量高达 1.2 亿 t，而且每年以 8% 的速度增长，中国的垃圾已经占到全世界年产垃圾的 1/4 以上。全国现已有 720 亿 t 垃圾包围着大中小城市和乡镇（如图 1-2），占地 5.4 亿 m^2，并且仍在以每年占地约 3 000 万 m^2 的速度发展，“垃圾围城”的消息越来越频繁地出现在各种媒体报道中。城市生活垃圾产量的持续增长，对环境造成的污染日益加剧，已成为我国社会经济持续发展和生态文明建设的一大阻碍。

知识卡　城市生活垃圾

按照《城市垃圾产生源分类及垃圾排放》CJ/T 3033—1996 标准，城市垃圾按产生源可以分为 9 类：居民生活垃圾、清扫垃圾、商业垃圾、工业单位垃圾、事业单位垃圾、交通运输垃圾、建筑垃圾、医疗卫生垃圾和其他垃圾。本书所指的城市生活垃圾既不局限于居民生活垃圾，也不是泛指城市垃圾。建设部、环保局、科技部发布的《城市生活垃圾处理及污染防治技术政策》（建发 [2000] 120 号）中，明确给出了“城市生活垃圾”的定义：城市生活垃圾，是指在城市日常生活中或者为城市日常生活提供服务的活动中产生的固体废物以及法律、行政法规规定视为城市生活垃圾的固体废物。本书讨论的就是城市垃圾中的居民生活垃圾、清扫垃圾、商业垃圾、工业单位垃圾、事业单位垃圾、交通运输垃圾（不包括建筑垃圾、医疗卫生垃圾和其他垃圾），这类垃圾统称为城市生活垃圾。

小链接

太平洋上的“第八大洲”

夏威夷群岛的东北方向，北纬 35°~42°，距离加利福尼亚沿海约 1600km 的水域上，有两个巨大的“绿色岛屿”，面积约 343 万 km^2，超过欧洲面积的 1/3，这就是臭名昭著的“太平洋垃圾大板块”，也被称为世界“第八大洲”，这是横跨北太平洋的两个巨大的垃圾集中地。这座超级垃圾堆的形成原因是那些被废弃的空塑料袋等通过下水道进入了海洋，由于洋流呈循环式运动，不断运动的洋流又使原本分散的小块垃圾被逐渐地汇聚在一起，并最终形成了现在看到的“垃圾岛”（如图 1-3）。2009 年 9 月 10 日，美国国家地理网站报道了对这个“垃圾岛”的第一次科学考察。科学考察发现“垃圾岛”主要由来自陆地的生活垃圾构成，重达 350 万 t，其中 80% 是废弃的塑料制品。大量塑料瓶、塑料袋、高频绝缘材料、微小的塑料芯片漂浮在海面上，阳光和海浪慢慢分解它们，使它们变成小碎片。这些微小的塑料碎片造成的破坏，比那些较大

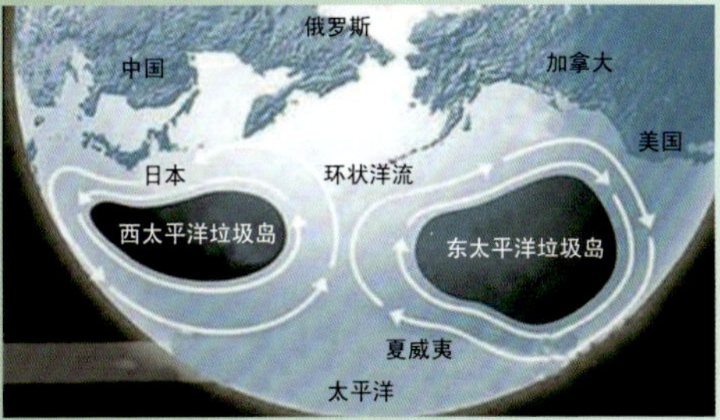

图 1-3　太平洋中的垃圾岛

图 1-4　误吃垃圾而死亡的鸟

的塑料垃圾导致的窒息、诱捕和拥堵造成的危害更大。这些碎片的数量是浮游生物的6倍，吸附着高于正常含量数百万倍的毒素，鱼类和海鸟误食后，将因不能消化和难于排出造成营养不良而导致死亡（如图1-4）。更令人担忧的是，毒害还可通过食物链扩大并传至人类。“绿色和平”组织的报告说，他们发现至少267种海洋生物因误食海洋垃圾或者被海洋垃圾缠住而备受折磨。

二、垃圾对环境的威胁

长期以来，垃圾的代名词就是“脏乱差”。作为人类生活的伴生物，城市垃圾越来越困扰人们的生产和生活环境，巨量的城市生活垃圾不仅侵占了大量宝贵的土地资源，还产生严重的环境污染问题，甚至威胁到人类健康。其污染路径如图1-5所示。

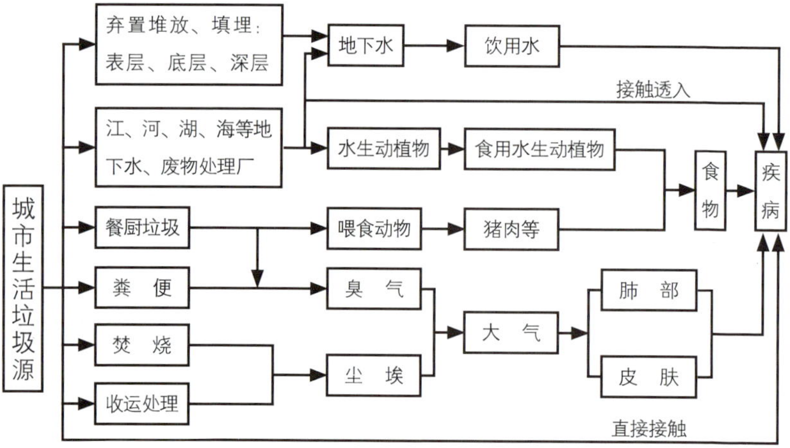

图1-5 城市垃圾污染途径

1. 环境污染

垃圾是一种复杂的混合物，在收运和露天堆放过程中，有机物分解会产生恶臭，并向大气释放出大量的氨、硫化物等污染物，其中含有机挥发气体达 100 多种，这些释放物中含有许多致癌、致畸成分，可能通过呼吸道进入人体，危害人体健康。塑料膜、纸屑和粉尘则随风飞扬，形成污染。

垃圾在堆放腐败过程中会产生大量的酸性和碱性有机污染物，并溶解出垃圾中的重金属，容易经雨水冲入地面水体。随意堆放或简易填埋的垃圾，其本身所含水分、经腐败产生的水分以及淋入堆放垃圾中的雨水产生的渗滤液流入周围地表水体或渗入土壤，会造成水体和土壤的严重污染（如图 1-6）。垃圾直接弃入河流（如图 1-7）、湖泊或海洋，则会引起更严重的污染。

图 1-6　泡沫河

图 1-7　生活垃圾污染河流

2. 侵占大量土地，污染土壤

堆放在城市郊区的垃圾，侵占了大量宝贵的土地资源，每堆积 1 万 t 渣土约占 1 亩（0.067 公顷）土地。不仅如此，垃圾中很多成分会在自然界存留的时间相当长，例如烟头、羊毛织物 1~5 年；橘子皮 2 年；易拉罐 80~100 年；塑料 100~500 年；玻璃 1 000 年以上，不易降解的垃圾长久地成为土地侵占者和污染源。特别是垃圾及其渗滤液中所含有害物质可能会渗入土壤，破坏土壤的性质和结构，使土壤肥力丧失、表面板结、存积重金属污染等。

3. 火灾隐患

垃圾中含有大量可燃物，在天然堆放过程中因发酵产生大量 CH_4 和 CO_2 等气体。当 CH_4 在空气中的浓度达到 5%~15%，易引起火灾、垃圾爆炸等事故，造成重大损失。如菲律宾首都马尼拉最大的垃圾处理厂——帕亚塔斯垃圾场堆放了约 300 万 m^3 垃圾，约 11 层楼高，垃圾场四周有 8 万多人口的贫民区。2000 年 7 月 10 日早上 7 时 30 分，垃圾场突然发出一阵低沉的爆炸声，随后如雪崩般地轰然倒塌，转瞬之间将周围 100 多间木质贫民棚屋淹没，这是由于垃圾堆倒塌时压毁了电线杆，导致电线短路而引燃垃圾，进而造成大火蔓延。事故共造成 124 人死亡，100 多人下落不明。

4. 生物性污染

垃圾中有很多致病微生物，其本身也能为老鼠、鸟类及蚊蝇提供食物、栖息和繁殖的场所，成为四处流动的疾病传播源——蚊、蝇、蟑螂和老鼠等有害生物的滋生地和巢穴，给人体健康带来严重威胁。

Part 2 垃圾的处理方法

虽然人类文明不断进步，科学技术水平日益提高，但几千年来，人类处理垃圾的方式在本质上并无大的变化。垃圾处理的基本思路有 4 种：填埋、焚化、转化为有用物质（回收）、减少物品（将来的垃圾）的体积。几乎所有国家采取的垃圾处理方法都围绕着这 4 种思路展开，传统的垃圾处理方法包括卫生填埋、焚烧和生化处理。不同处理方法有不同的适用范围，各具特色，各有优势。

一、卫生填埋

填埋法是使用时间最久、使用范围最广，也是最为常用的一种处置方法，其主要经历了两个发展阶段：简单填埋和卫生填埋。简单填埋就是简单地给垃圾“搬了个家”，是一种不负责任的“只顾自己，不顾他人”的污染物转移方式；卫生填埋是在科学选址的基础上，采用必要的场地防护手段和合理的填埋场结构，将固体废弃物进行填埋和封场，并定期对填埋场进行维护和监测，以最大限度地减缓和消除垃圾对环境（尤其是对地下水）的污染的垃圾处理技术，从而实现污染可控化、管理制度化。垃圾填埋处置流程如图 2-1 所示。

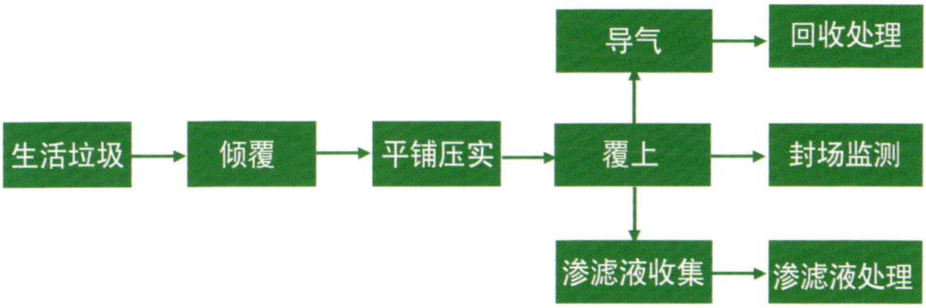

图 2-1　垃圾填埋处理流程图

填埋处理由于具有投资少、处理量大、处置对象范围广、技术成熟、操作简单、处理彻底等优点，目前也是我国最主要的垃圾处理方式，占全国垃圾处理量的 70% 以上。但是，堆积如山的垃圾污染了土壤、地下水和空气。沼气（主要成分为甲烷）是垃圾场产生的主要填埋气体之一，在垃圾堆积发酵过程中产生，是可燃性气体，浓度达到一定量时，遇到明火即可发生爆炸，北京、

上海等地的垃圾填埋场都曾经发生过甲烷爆炸，如果直接排入大气而缺乏回收利用，会对大气以及周边的环境造成危害。更值得重视的是，甲烷的温室气体效应是二氧化碳的 24 倍，而垃圾填埋场释放的甲烷占全球甲烷量的 6%~18%，是全球温室气体的重要来源。目前，大部分发达国家都禁止填埋气体直接排入大气，规定填埋气体必须进行回收利用，无回收利用价值的则需集中收集燃烧后再排放。

垃圾填埋场的垃圾渗滤液是垃圾在长时期的堆放过程中，经过一系列的生物化学反应产生的一种高浓度的污水。渗滤液的污染物种类繁多，主要为有机质、氨氮以及重金属等，其颜色深，对周围地下水和地表水均会造成严重的污染。已有的垃圾填埋场地下水污染事件表明，渗滤液是地下水重要的污染源。垃圾渗滤液里的大量有害物质，特别是重金属污染物不能自然降解，污染土壤后进入地下水层造成水污染。此外，渗滤液中高浓度有毒有害的有机物，对自然水环境构成巨大威胁。除大部分渗滤液经处理正常排放外，部分未完全处理的、非常时期从污水井（库）溢出直接进入纳污水域的会使水生生物和农作物受到污染，诱发水体富营养化，并通过食物链和生态环境对人体健康产生危害，还可能严重影响饮用水水源。

随着科学技术的进步，填埋气体和垃圾渗滤液越来越得到有效控制。沼气收集房、防渗漏垫层以及渗沥水处理单元成为卫生填埋场的必须设施（如图 2-2）。在垃圾填埋大坑周边，每隔一段距离就竖着粗黑的管道，专门用来收集垃圾中的沼气；垃圾渗滤液收集后进入生化处理池完全处理达标后才排放或者预处理后

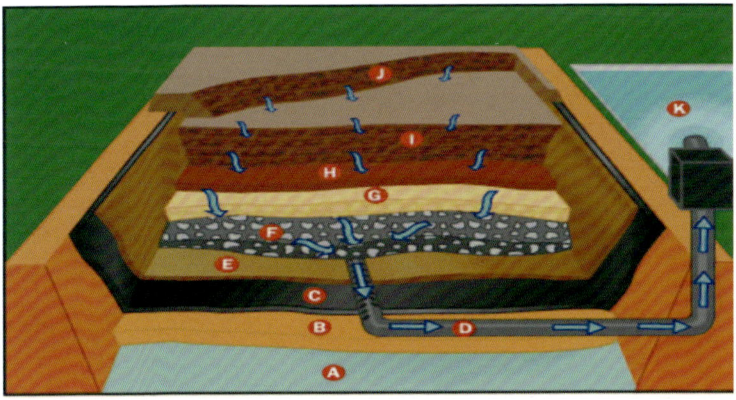

A 地下水
B 压实黏土
C 塑料衬垫
D 渗滤液收集管
E 土工织物垫层
F 沙砾
G 排放层
H 土壤层
I 旧填埋单元
J 新填埋单元
K 渗滤液池

图 2-2 典型垃圾卫生填埋场剖面图

进入城市污水处理厂。

不可否认，垃圾填埋处理具有操作设备简单、适应性和灵活性强等特点，而且作为垃圾最终处置方式，填埋处理是必不可少和无法替代的，至今仍是大多数国家采用的垃圾主要处理方式。但近年来垃圾填埋场数量逐渐下降，特别是在一些发达国家，填埋处理所占的比例已呈大幅下降趋势。例如美国垃圾填埋场数量1993年有3 300多座，2000年降到2 300座，2010年仅剩下1 200座。导致垃圾填埋场数量下降的原因主要包括：一是旧填埋场逐渐达到饱和状态；二是新填埋场选址困难；三是由于环境保护标准不断提高，一些不符合环保要求的垃圾填埋场被迫关闭。由于垃圾资源再生利用率提高，同时也为减少垃圾填埋场污染物的产生，垃圾填埋场填埋物的有机物含量也正逐步降低。进入20世纪90年代以后，美国就相继实施了禁止庭院垃圾进行填埋处置的条例，德国也规定了在2005年以后，有机物含量大于3%或5%的不能进入一级或二级填埋场。

小链接

广州市兴丰生活垃圾卫生填埋场

我国第一座同时引进境外设计技术和现代营运管理模式、与发达国家先进技术和管理接轨的大型生活垃圾填埋场是广州市兴丰生活垃圾卫生填埋场，占地面积约 91 万 m^2，可容纳垃圾 1800 万 t，目前消纳着广州市 85% 的垃圾。自 2004 年列入国家环境保护“十五”重点工程项目兴建以来，获得了包括全国建设项目最高级别的奖项——“国家优质工程金质奖”在内的一系列国家奖项。为完全隔离垃圾堆体与外界环境，确保地下水不受污染，兴丰生活垃圾卫生填埋场采用高标准防渗系统（双渗滤液收集层、双防渗层、构建基底层、地下水收集层）的铺设设计，并设置双层渗滤液收集导流管道，确保填埋区内的渗滤液有效及时输送到污水处理厂。为确保周围环境不受影响，该填埋场对空气、渗滤液、噪声、生物等环境因子进行全方位监测，其中地表水出口处还安装了在线监测仪，对 COD 和总氮实行自动化监测。此外，兴丰生活垃圾卫生填埋场还建立了完善的闭路监控和计算机网络管理系统，掌握监控磅桥、填埋作业、监测系统、填埋气井、渗滤液处理厂和填埋气发电厂的全生产过程，并根据信息反馈及时调整营运方式。

图 2-3　广州市兴丰生活垃圾卫生填埋场

二、焚烧

不同于卫生填埋，在不少人看来，垃圾处理最为省事的方法，还是一把火烧掉。不可否认，垃圾最难处理的就是体积大，不易降解，占用了大量的堆放空间。而如果把垃圾付之一炬的话，起码能减少 50%~80% 的体积，垃圾堆放问题似乎迎刃而解。焚烧法是利用加热氧化作用使垃圾中的有机物转换成无机废物，同时减少废物体积的处理方法。焚烧法占地面积小、消毒彻底，可减轻或消除后续处置过程对环境的影响。垃圾中蕴藏着巨大的电能，通过焚烧垃圾产生的热能，可以发电供热。

由于垃圾焚烧具有显著减量化和无害化优势，已被发达国家广泛采用。国外垃圾焚烧处理技术起步较早，处理技术工艺和设备较为成熟。垃圾焚烧技术流程（如图 2-4）为：将生活垃圾作为

燃料投入燃烧炉内焚烧，炉内温度控制在 800~1 000℃，焚烧过程中产生的烟气经过预处理并在监测指标达标的情况下排放，燃烧后产生的固体残渣由于性质稳定可填埋处理。

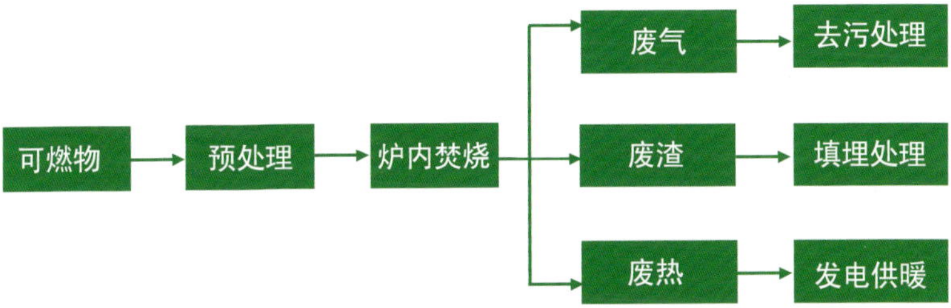

图 2-4　垃圾焚烧技术流程图

近年来，采用焚烧法处理城市生活垃圾逐渐在国内各地兴起一股潮流。将垃圾用于发电，可解决垃圾处理问题，同时带来巨大的经济效益。目前，我国垃圾年产量在 1.5 亿 t 以上，若低位热值按 4 000kJ/kg 计算，总功率为 190 259mW；如果全部用于发电，即使发电效率按 20% 计算（通常火电机组的效率为 40% 左右），总装机容量也可达 38 052mW；相当于 2 个三峡电站发电量，垃圾焚烧发电在我国大有前景。

1985 年，深圳从日本三菱重工业公司成套引进 2 台日处理能力为 150t 的垃圾焚烧炉，建成了中国第一座现代化垃圾焚烧厂。此后，北京、厦门、上海、广州（如图 2-5）、武汉等地也开始兴建垃圾焚烧厂。据统计，到 2012 年年底为止，我国已投产的垃圾焚烧发电厂有 122 家，各大城市都已有或已将垃圾发电列入议事日程。

图 2-5 广州李坑垃圾焚烧发电厂

垃圾焚烧处理虽然在垃圾综合处理中的比重逐年增加，能有效达到减容、减量的目的，但仍存在许多问题，如焚烧法投资和运行费用高、整体技术难度大、操作运行复杂。此外，焚烧技术适用对象存在局限性，不是任何垃圾都可以焚烧。通常低位热值大于 4127kJ/kg，水分低于 54%，可燃物含量大于 22% 的生活垃圾才可以燃烧（如图 2-6）。由于垃圾中常含有聚氯乙烯塑料、食盐以及其他含氯化合物，在垃圾高温受热时产生具有腐蚀性的氯化氢气体，在炉内可腐蚀金属设备；含氯化合物在焚烧过程中可能产生高致癌有害物质二噁英，若处理不当，对人类健康形成潜在危害；垃圾焚烧后排出的飞灰通常含有大量重金属，若处理不当，也会造成环境的二次污染。早在 2000 年 6 月 1 日，国家

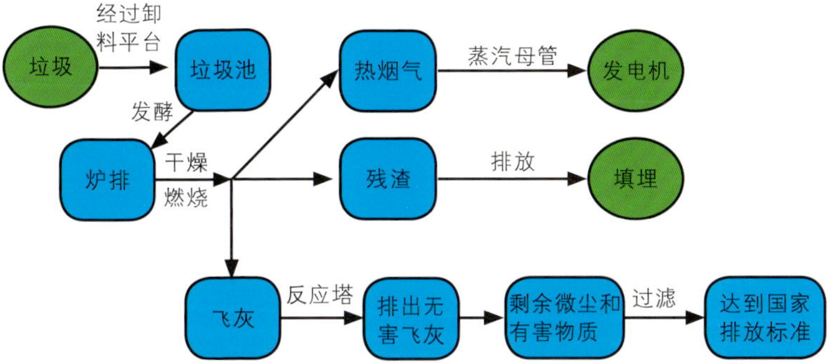

图 2-6　大型生活垃圾焚烧发电示意图

环境保护总局发布的《生活垃圾焚烧污染控制标准》就已经规定了二噁英的排放限值，要求向大气中排放的每立方米烟气二噁英类不得超过 1.0 纳克（欧美和日本限值为 0.1 纳克）。然而由于技术限制，对于二噁英的检测难度很大。有专家这样形容二噁英提取、分离、浓缩、精致所带来的工作量："这就如同把国际标准泳池装满大米，然后从中挑拣出一颗黛色的大米。"

事实上，正是因为担心二噁英和重金属的危害，一些地区的居民一直反对建设垃圾焚烧炉，争论到现在还在继续。

知识卡

邻避效应

邻避效应（Not-In-My-Back-Yard）指居民或当地单位因担心建设项目（如垃圾场、核电厂、殡仪馆等设施）对身体健康、环境质量和资产价值等带来负面影响，从而激发人们的厌恶情结，滋生“不要建在我家后院”的心理及采取强烈和坚决的、有时高度情绪化的集体反对甚至抗争行为。

进入工业文明时代的中国，“以邻为壑”的典故演绎出另一个版本:由于当地群众不甘承受“以我为壑”的污染成本，衍生出对政府引进项目的集体抵制。政府部门规划经济项目或公共设施，产生效益为全体社会所共享，但负外部效果却由附近居民来承担，于是受到选址周边居民的反对，这种“不要建在我家后院”的“邻避效应”，在国际社会已是普遍现象（如图 2-7）；对“邻避效应”的认识和引导，也是世界各国的共同挑战。

图 2-7　邻避效应

三、生化处理

垃圾生化处理包括垃圾堆肥处理和垃圾厌氧发酵。垃圾堆肥技术早在中国农耕时代就已经普及应用，而作为科学方法来进行研究探讨则始于 1920 年，当前的生活垃圾堆肥处理方法就是由此而来。所谓堆肥处理，是指以动植物等有机物质为原材料，利用自然界中细菌、酵母菌、真菌和放线菌等微生物对其进行发酵分解以及最后腐熟，从而将易腐烂的有机质转变为性质相对稳定的有机肥料，以达到无害化与资源回收再利用的目的。垃圾堆肥处理可分为好氧和厌氧两大类，一般说的垃圾堆肥往往是指好氧堆肥。堆肥工艺流程如图 2-8 所示。

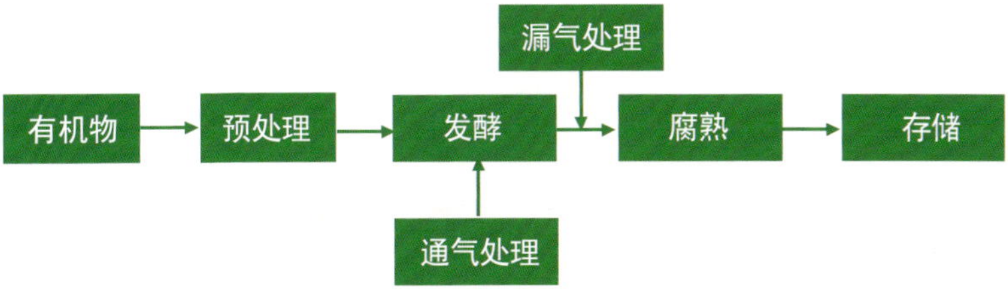

图 2-8　堆肥工艺流程图

垃圾厌氧发酵技术是将垃圾放置在可加温和搅拌的密封反应

器（消化池）内，使垃圾中的有机物在特定的厌氧环境下，多种微生物对有机质进行分解，最后将其中的碳以甲烷和二氧化碳的形式释放出来的反应过程，能有效缩短发酵周期，并保证垃圾渗滤液和产生的气体不泄漏于环境中。垃圾厌氧发酵产出的气体主要为生物气，可用于发电。

由于现代化的堆肥工艺在西方起步较早，其应用技术已经达到大规模自动化的操作水平。堆肥法可以实现生活垃圾的有效处理和资源化，其制得的产品称为堆肥。尽管高温堆肥投资较低、技术简单，但这种方法对垃圾分类要求高，只有有机成分含量高的生活垃圾才能应用此法进行处理。如果堆肥产品的市场销路问题解决得不好的话，堆肥技术难以大规模发展。

四、综合处置

所谓综合处置是指一种混合的生活垃圾处置系统，专门针对不同生活垃圾的特性采用不同的处置方式，是一种融合了填埋、焚烧、生化处理等多种生活垃圾处置方式的综合系统。此系统充分发挥了不同生活垃圾处置技术的优势，具有高效性、可靠性、系统化的特点，最大限度地实现了生活垃圾的无害化、减量化和资源化的处置目标。生活垃圾分类是进行综合处置的前提条件，垃圾分类不仅提高资源回收率，而且也能降低生活垃圾的后续处理难度。通过综合处置可以最大限度实现能回收利用的全部回收，可以生化处理的全部转化利用，可以燃烧的全部焚烧来回收能量，最终将无法利用的填埋处理。

Part 3 垃圾分类才能优化处理

根据中国环境保护产业协会城市生活垃圾处理委员会的统计，中国城市垃圾处理中填埋法处理的垃圾占70%，堆肥占20%，焚烧占5%，其他（包括露天堆放、回收利用）占5%。不论是填埋、焚烧还是生化处理，生活垃圾的传统处理方式具有各自的局限性，在土地资源日益宝贵，自然能源日趋紧张，环保呼声越来越高的今天，寻求与人口、资源和环境相容的新型垃圾处理方式已成为摆在人类面前的重要课题，而面对任何新型垃圾处理方式，垃圾分类都是绕不开的环节。

一、什么是垃圾分类

垃圾分类是指按照垃圾的不同成分、属性、利用价值以及对环境的影响，并根据不同处置方式的要求，分成属性不同的若干种类，其目的是为资源回收和后续处置带来便利。

二、为什么要进行垃圾分类

随着生活水平的快速提高和各种消费的大幅增加，人类产生着越来越多的垃圾。垃圾处理的方法还大多处于传统的堆放填埋方式，这种方法不仅占用大量土地，而且臭气不容易控制，渗滤液处理难度较高，生活垃圾稳定化周期长，生活垃圾处理可持续性较差，环境风险影响时间长，封场后需长期维护。另一种被广泛应用的垃圾处理方法就是焚烧，经过高温焚化后的垃圾虽然不会占用大量的土地，稳定化迅速，减量效果明显，臭味控制相对容易，焚烧余热可以利用。但它投资大，处理技术较复杂，对运行操作人员素质和运行监管水平要求较高。

我们不断地把有限的地球资源变成垃圾，又把他们埋掉或烧掉，我们的子孙后代依赖什么生存呢？难道我们对待垃圾就束手无策了吗？其实，办法是有的，这就是垃圾分类。事实上垃圾中蕴藏着丰富的可回收利用资源，垃圾分类就是从源头开始将垃圾分类投放，并通过分类的清运和回收使之重新变成资源。通过分类投放、分类收集，把有用物资（如纸张、塑料、橡胶、玻璃、瓶罐、金属以及废旧家用电器等）从垃圾中分离出来，重新回收、利用，变废为宝，减少土地资源的消耗，降低处理成本；有机易腐物进行生化处理，沼气发电，堆肥；热值高的垃圾进行焚烧，利用余热进行发电，最大限度地实现垃圾减量化、资源化和无害化（如图 3-1），做到原生垃圾零填埋，资源全回收。

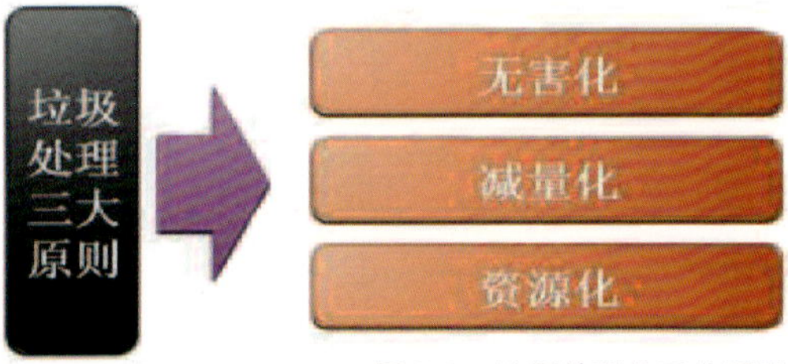

图 3-1　垃圾处理的三大原则

1. 减量化

当前我国最常见的生活垃圾处理方法是卫生填埋法，这些被填埋的生活垃圾大多没有被分类处理，里面掺杂着一些有毒有害的物质（如过期药品、废旧电器等），也有许多可回收利用的物质（如废纸、金属、玻璃等）。这些垃圾不经处理就直接填埋，既会造成严重的污染，又会造成可利用资源的浪费，同时还会增大填埋场的处理量，缩短填埋场的使用寿命，造成不必要的经济损失。

垃圾减量化的途径有很多。可以通过源头控制减少垃圾的产生量，例如改变居民生活燃料结构，用石油液化气、煤气、天然气等洁净能源逐步取代煤炭，可大大降低灰分的产生量；再如施行净菜进城，把不能食用的菜根、菜叶和牲畜屠宰物等留在农村做农肥利用，让净菜进入普通家庭，生活垃圾中的腐殖质就会减少；而施行生活垃圾分类是实现垃圾减量化的最基本手段，对热值较高的可燃垃圾进行焚烧处置；对可回收的纸类、金属等进行再加工利用；对有机垃圾进行生化处理、沼气发电，制成农田用肥和绿化用肥；对难以直接回收的垃圾进行焚烧发电，将垃圾有效减量化后再进行填埋处理，能大大延长填埋场的使用时间，从而间接地降低垃圾填埋场的年均成本，提高经济效益。

2。资源化

从垃圾清运量和垃圾成分我们不难看出，一方面垃圾的出路困扰城市的发展，另一方面垃圾中又有大量的可回收利用成分。对垃圾进行资源化利用，是解决这一矛盾的最好方法。垃圾资源化潜力随着生活水平提高和经济的发展也在不断增加。在垃圾成分中，金属、纸类、塑料、玻璃被视为可直接回收利用的资源，可直接回收利用率应不低于 1/3。此外，垃圾中的其他物质也能转化为资源，如餐厨垃圾是典型的城市生物质原料，可以厌氧发酵进行沼气发电，也可以堆肥和生产有机肥料；垃圾焚烧可以发电、供热或制冷；废砖瓦、灰土可以加工成建材等。各种固体废弃物混合在一起是垃圾，分选开就是资源。如果能充分挖掘回收

生活垃圾中蕴含的资源潜力，垃圾山就可以变成金山。仅北京每年就可获得 11 亿元的经济效益。但是一般的城市处理方式简单，全国每年在垃圾中扔掉的可再生资源价值就高达 250 亿元。

垃圾中蕴含着丰富的可回收利用资源，而且还可以产生良好的经济效益。我国城市垃圾在总量大幅度增长的同时，结构上也发生了很大变化：生活垃圾中的无机物含量持续下降，有机物比重不断增加，可燃物增多，可利用价值增大。据统计，目前生活垃圾中约 50% 为有机易腐物，30% 为废纸、塑料类，约 4% 为玻璃，剩余的为金属、布类等，其中大部分物质都具有被资源利用的可能，如果对它们加以合理开发利用，就能变废为宝。

利用垃圾制取的产品，其能源消耗要低于用初始原料加工的产品，有的甚至低至原来的几分之一，而且还降低了二氧化碳的排放量。比如，垃圾中的废纸是可再生原料，社会对纸张和纸板需求量的迅速增加正导致森林资源的衰竭，而 100 万 t 废纸相当于 $600km^2$ 以上的森林资源，如果将 1t 废纸转化成纸张、纸板产品，可节省电能225kW·h；再如，若采用废塑料炼油技术将全国1/3的废塑料转化为油，便可为国家增加200万t的纯燃料油，获利可达56亿元；对于生活垃圾中的废弃食物，如果可以科学利用，不仅可减少它们对环境的污染，还可获得补充饲料来源，明显提高农业效益。每100万t废弃食物加工饲料，可节省36万t饲料用谷物，生产4.5万t以上的猪肉。美国曾就垃圾回收利用问题做过计算，结果发现利用垃圾能源的潜在价值，就美国全国需求而言，垃圾再生材料可满足全国铁需要量的7%、铝需要量的8%、锡需要量的19%、纸需要量的15%。因此，可以说垃圾就是一大资源。生产垃圾中有30%~40%可以回收利用，应珍惜这个小本大利的资源。如果垃圾中的可用物质能得到反复利用，则垃圾

小链接

垃圾分类收集后有什么经济价值

（1）每利用1t废纸，可造纸800kg，相当于节约木材4m³或少砍伐树龄为30年的树木20棵。

（2）每利用1t废钢铁，可提炼钢900kg，相当于节约矿石3t。

（3）1t废塑料再生利用，约可制造出0.7t汽油或柴油。

（4）1t废玻璃回收后，可生产一块篮球场面积的平板玻璃或500g瓶子2万只。

（5）用100万t废弃食物加工饲料，可节约36万t饲料用谷物，可生产45 000t以上的猪肉。

（6）1t易拉罐熔化后能结成1t很好的铝块，可少采20t铝矿。

将成为取之不尽的循环利用资源，而且有力促进社会和经济的可持续发展。

3. 无害化

社会的进步和科学技术的迅猛发展给我们的生活带来了前所未有的舒适和便捷，但同时产生的大量废弃物也给环境带来了严重的污染问题，甚至对人体健康产生危害。以令人烦恼的“白色污染”为例，一次性发泡餐具、塑料袋给人们的生活带来了极大便利，但由于其在自然条件下不能自然降解，如果埋在地下的话，经历 100 年也不会烂掉，它还会使土壤板结，降低土壤的肥力，甚至使土壤失去耕种的能力；生活垃圾终处理设施建设、监管不达标，将产生二次污染，对大气质量和人体健康带来严重损害；随意抛弃不仅有碍观瞻，形成视觉污染，如果被动物误食，还会导致动物死亡。再如在电子工业领域，技术创新的产品令人眼花缭乱，使电子废弃物（任何损坏或无用的电子设备或家用电器）成为全球增长速度最快的一种废弃物。一件电子产品中，有无数的零件，这些零件可能含有重金属，几乎所有的电路板上都含有铅、中继线路与开关中含有汞、电阻器和半导体中含有镉、磁盘和阻燃剂中含有铬等，此外，包括白色家电在内的电子产品还隐藏着很多有毒的化学物质。

通过对生活垃圾的分类，将可回收垃圾分离出来，不仅提高了废品回收利用比例，使资源得到循环利用，更可减少生活垃圾处理过程中对水源、土壤、大气二次污染的风险。只有将分类回收工作做好，才能真正实现“既满足人们提高生活水平的需要，又保持环境资源的可持续发展”的目标。

知识卡　白色污染

伴随人们生活节奏的加快，社会生活正向便利化、卫生化发展。顺应这种需求，一次性泡沫塑料饭盒、塑料袋等开始频繁地进入人们的日常生活，这些使用方便、价格低廉的包装材料的出现给人们的生活带来了诸多便利。另外，这些包装材料在使用后往往被随手丢弃，造成“白色污染”，成为极大的环境问题。

所谓“白色污染”，是指由农用薄膜、包装用塑料膜、塑料袋和一次性塑料餐具（以下统称塑料包装物）的丢弃所造成的环境污染（如图 3-2）。由于废旧塑料包装物大多呈白色，因此称之为“白色污染”。我国是世界上十大塑料制品生产和消费国之一，1995 年全国塑料消费总量约 1100 万 t，其中包装用塑料达 211 万 t。包装用塑料大部分以废旧薄膜、塑料袋和泡沫塑料餐具的形式被任意丢弃。据调查，北京市生活垃圾的 3% 为废旧塑料包装物，每年产生量约为 14 万 t；上海市生活垃圾的 7% 为废旧塑料包装物，每年产生量约为 19 万 t。丢弃在环境中的废旧包装塑料，不仅影响市容和自然景观，产生“视觉污染”，而且因难以降解，对生态环境还会造成潜在危害，如：混在土壤中，影响农作物吸收养分和水分，导致农作物减产；增塑剂和添加剂的渗出会导致地下水污染；混入城市垃圾一同焚烧会产生有害气体，污染空气，损害人体健康；填埋处理将会长期占用土地等。

图 3-2　白色污染

小链接　为废旧电脑寻找好归宿

图 3-3　废弃电脑零件

进入信息化社会，电脑的普及率越来越高，因此就滋生了一个新问题，即由废弃电脑所引发的环境污染问题。据估计，一台电脑的生产需700多种化学原料，且大部分是对人体健康有害的。譬如，电脑的塑料外壳都涂上一层防火的有毒物质，而电脑显示屏玻璃中均含有铅，电脑的零部件是经化学处理的金属。若长期搁置一旁，电脑中的这些物质就会自然释放出来而污染环境。如作为垃圾掩埋在土壤中，有毒物质就会慢慢渗透出来，污染周围的土地、河道和地下水体等。如对它们进行焚烧处理，就会产生二噁英和其他污染物质。合理处置废旧电脑，使之不危害人类的生存环境是个世界性难题。目前先进国家普遍采用的方式不外乎是电脑生产过程中尽可能减少使用有毒和有害材料，同时在生产中尽可能考虑日后回收的便利。一些国家采取使用者出钱，让专门的回收部门将其运至专用垃圾填埋场作粉碎性无害化处理（如图 3-3）。有关部门现在就必须将废旧电脑的回收利用和无害化处理放在议事日程中，拟就一套科学合理的处置办法，为它们寻找合理的归宿。

小链接 我国垃圾分类收集的依据

垃圾分类是一项有法可依，且必须依法行事的大事。

(1) 2004年12月29日发布的《中华人民共和国固体废弃物污染环境防治法》，其中第42条规定："对城市生活垃圾应当及时清运，逐步做到分类收集和运输，并积极开展合理利用和实施无害化处置。"

(2) 2007年4月28日发布的《城市生活垃圾管理办法》第15条规定："城市生活垃圾应当逐步实行分类投放、收集和运输。"

(3) 2010年4月22日印发的《生活垃圾处理技术指南》规定："1.1.2 应尽可能以源头避免和减少生活垃圾产生，对产生的生活垃圾应尽可能分类回收，实现源头减量，分类回收的垃圾应实施分类运输和分类资源化处理。"

(4) 2000年5月29日发布的《城市生活垃圾处理及污染防治技术政策》规定："1.8 鼓励社会各界积极参与垃圾减量、分类收集和回收利用。"

(5) 2011年4月19日下发的《关于进一步加强城市生活垃圾处理工作的意见》规定："发展目标，到2015年……每个省（区）建成一个以上生活垃圾分类示范城市。……到2030年……全面实行生活垃圾分类收集、处置。"

(6)《中国21世纪议程》（即中国21世纪人口、环境与发展白皮书）第19章"固体废弃物的无害化管理"中规定："沿海开放城市和旅游风景城市近期内做到生活垃圾的分类收集和无害化处理，其他城市逐渐实行。"

Part 4 广州垃圾分类操作方法

能卖拿去卖

有害单独放

干湿要分开

“垃圾围城”的困局对我们个人和城市都是一个挑战。一方面，我们要站在全球生态危机的制高点上来寻求破解垃圾困局之策；另一方面，我们也要从小处出发，在垃圾困局面前俯下身来，从小事做起，从点滴做起，学会在垃圾的前端减量、分类。下面以广州的做法为例，介绍垃圾分类的操作方法。

一、广州生活垃圾分类方法

城市生活垃圾一般分为可回收物、餐厨垃圾、有害垃圾和其他垃圾四大类（如图 4-1），其中可回收物主要包括废纸、塑料、玻璃、金属等；餐厨垃圾由于有机物和油脂含量高，可采用厌氧发酵制沼气发电或堆肥的方式处理；有害垃圾交由有相应危险废物处理经营许可证的企业进行处理。通过生活垃圾分类，将可回收物分离出来，提高了废品回收利用率，使资源得到循环利用，同时可减少生活垃圾处理过程中水源、土壤、大气二次污染的风险。

图 4-1　广州垃圾分类标志

1. 可回收物

顾名思义，可回收物就是可以回收再利用的垃圾（如图4-2），通过对这些垃圾进行回收，可以减少污染、节约能源。可回收的前提是垃圾本身或材质必须是可再生利用的纸类、硬纸板、玻璃、塑料、金属等。

(1) 纸类。具体包括报纸、期刊、图书、各种包装纸、办公用纸、广告纸、纸盒等，比如看过的旧报纸、过期杂志与图书，还有各种纸质包装盒和包装纸（大至家庭电器的包装纸箱，小至纸烟盒）以及办公用纸，这些都是可以回收再利用的（如图4-3）。

纸张的原料主要为木材、草、芦苇、竹等植物纤维，废纸又被称为二次纤维，最主要的用途还是纤维回用生产再生纸产品。根据纤维成分的不同，按纸种进行对应循环利用才能最大限度发挥废纸资源价值。除再生纸之外，低品质或混杂了其他材料的废纸也有广泛再生用途，如可以生产家具。在新

图 4-2　可回收物

加坡等国，用旧报纸、旧书刊等废纸卷成圆形细长棍，外裹一层塑胶纸，就能制作成实用美观的家具。不过，需要指出的是，纸巾和卫生用纸因为水溶性太强，是不可回收的。

(2) 玻璃。玻璃制品是生活垃圾的一大来源，日常生活中的玻璃制品主要有各种玻璃容器、镜子、灯泡等（如图 4-4）。玻璃降解的时间非常长，收集废玻璃重新熔化，又可以重新变成漂亮的花瓶、实用美观的茶杯、碗碟和玻璃瓶，回到我们的生活中，供我们使用，此外还可以生产玻璃纤维、玻璃马赛克和其他建筑材料。用废玻璃做成的建筑材料质轻、保水性好，且其生产工艺简单易行。

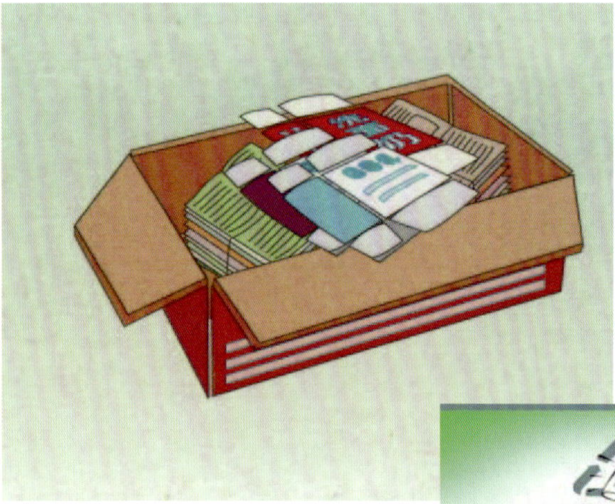

图 4-3　废纸回收

图 4-4　玻璃回收

(3) 塑料。目前，我们生活用得比较多的塑料制品有包装、购物用的塑料袋、一次性聚苯乙烯塑料餐具盒、电器包装发泡填充物、一次性塑料桌布等。我们常吃的方便面包装碗，每天刷牙用的牙刷和牙杯，塑料雨衣、塑料拖鞋、塑料软管、塑料地板、矿泉水瓶和其他饮料瓶，甚至酱油瓶、沙拉酱瓶都是塑料加工制成的。虽然有的塑料物品外表看起来坚硬，但他们的材质依然是塑料。

自从科学家发明塑料原材料后，工业设计师们为我们设计出了用途各异的塑料制品。这些塑料制品近年来已成为我们生活中的亲密伙伴，既装点了我们的生活，又为我们居家和出行提供了很大便利；但也成为日常消耗和随手抛弃的最大量的物品之一，成为垃圾中的重要组成成分。

因为塑料包装物是由合成树脂材料制成的，在一定的温度和湿度下，它们会分解出有毒有害物质，同时还容易滋生病菌，所以对于塑料制品垃圾，我们更要及时处置，尽早把它们送到工厂进行再生产，以促进塑料的循环利用（如图4-5）。

图 4-5　塑料

回收的废塑料经过破碎、造粒、改性等流程，变成各种透明或不透明的塑料颗粒，再按照品相进行分类，最后成为可以再次利用的再生料。此外，废塑料也可用于高炉喷吹代替煤、油和焦炭，用于水泥回转窑代替煤烧制水泥，以及制成垃圾固形燃料（RDF）用于发电。

知识卡

增塑剂

塑料容器特别是塑料瓶在制作过程中常常会添加增塑剂。增塑剂的作用是增强塑料的可塑性，使塑料制品变得柔软、耐热、耐寒，而这种化学成分对人体是有害的。随着时间推移，增塑剂会慢慢从塑料制品中溶出，进入空气、土壤、水源甚至食物中。增塑剂像其他有害物质一样，可以通过食物被摄入人体，此外，增塑剂也可能直接通过人体皮肤吸收而进入人体。增塑剂可导致动物存活率降低、体重减轻、肝肾功能下降。血红细胞减少，具有致突变型和致癌性。科研人员通过动物的胚胎毒性研究发现，增塑剂能导致动物的仔胎腭裂、脊柱畸形、肢变形等严重后果。它还会影响人体激素系统，影响青少年的正常成长和发育。因此塑料制品并不是用得越久就越节约、对人类越有利，譬如矿泉水瓶之类的瓶子就不能反复使用，用塑料瓶装油，增塑剂也很容易被溶解。可见，增塑剂就在我们周围，如果人们长期饮用塑料瓶装饮用水、油或其他塑料包装食品，就很容易将毒素吸入体内。

(4) 金属。可回收的金属类生活垃圾是指用金属材料做成的易拉罐、罐头盒、金属材质的厨房用具、含有金属部件的电子产品、报废的汽车零部件等，材质包括不锈钢、铝材质、锡箔、铜质等，大部分有色金属均具有良好的可回收性，能够反复循环使用，且不影响使用性能。它们都可以被送进金属粉碎机设备进行粉碎，人们借助金属回收工艺即可对其进行重新利用。大力开展废杂有色金属回收利用，不仅可以在相当程度上解决国内有色金属矿源不足的问题，而且有助于保护自然资源，减少有色金属生产和消费过程中对生态环境的影响和破坏，是实现我国有色金属工业持续发展的重要途径。

金属材料都是从金属资源中提炼出来的，而地球上的矿产资源毕竟是有限的、不可再生的，随着人们对矿产资源的不断开发和需求量的不断加大，金属矿产资源面临着枯竭的困境，而人类生活却越来越离不开金属制品。所以，充分利用废旧金属，使它们回到人们的生活中继续为人们服务就变得越来越重要了。目前，我国每年都有大量的废金属产生，如果随意丢弃这些废弃物，会造成极大的资源浪费，而合理回收利用则可以节约大量的能源和矿产资源。回收一只旧的铝制易拉罐进行再利用比重新制作一只新的要节省 20% 的资金，同时还可以节约 90%~97% 的资源；而回收 1t 废钢材则比新炼成同样数量的钢材要节约 47% 的成本，同时还可以减少冶炼过程中对空气和水源造成的污染。

2. 餐厨垃圾

不管是在家或是出外，我们每天都要吃饭。日常生活中产生数量最多的应该就是餐厨垃圾（如图 4-6）。餐厨垃圾是指宾馆、酒店、机团单位食堂、居民家庭生活中产生的有机易腐垃圾，主要包括我们整理加工时废弃的一些蔬菜原料及吃剩的食物残渣，比如老的菜叶、鱼鳞、动物内脏、倒掉的剩饭

图 4-6　餐厨垃圾

剩菜，还有吃剩的瓜果蔬菜和鸡、鸭、鱼骨头以及螃蟹壳、虾壳等。从化学组成上，有淀粉、纤维素、蛋白质、脂类和无机盐，其中以有机组分为主，有机垃圾中水分约占85.3%；干物料中粗脂肪约为25%，是大豆的1.5倍；粗蛋白约占25%，是玉米的2倍；总能水平达20MJ/kg，无机盐中氯化钠的含量较高，同时含有一定量的钙、镁、钾、铁等成分，具有营养元素齐全、再利用价值高的特点。

餐厨垃圾感官性状上表现为油腻、湿淋淋，对人和周围环境造成不良影响，影响人的视觉和嗅觉等的舒适感和生活卫生。含水率高导致其渗沥水可通过地表径流和渗透作用，污染地表水和地下水。有机物含量高的特点致使餐厨垃圾在温度较高的条件下很快腐烂发臭，释放出大量的氨、硫化物、甲烷等有害气体，从而对大气环境造成进一步的污染；厨余垃圾存有病毒、致病菌和病原微生物，是蚊、蝇、老鼠等的滋生地，如不加以处理而直接利用会造成病原菌的传播和感染，从而危害人类的身体健康。

目前已经有多种技术将集中收集的餐厨垃圾进行资源化利用，利用的途径包括热处理制成燃料棒、生物处理制成肥料或生产沼气等，国内很多城市也将餐厨垃圾单独收集并进行资源化利用。在单独收集餐厨垃圾的城市，就需要人们在日常生活中多费点心，将餐厨垃圾单独存放，并投放至专门的收集容器，避免将其他非餐厨垃圾投放至专门容器，以利于餐厨垃圾的进一步资源化利用。

餐厨垃圾还可以通过打碎后进入城市污水处理系统进行消解。目前有专门用于打碎餐厨垃圾的家庭小型设备，主要包括电机和转速很高的刀具，一般嵌入到厨房水盆下面的柜子里，将这个设备通过管道连接将绞碎后的食物残渣随水流进入下水道冲走。这样，即在源头上解决了餐厨垃圾的存放问题，使其得到及时有效的处理，又为家庭和居住小区的环境消除了卫生隐患，还人们一个美观洁净的环境。

3. 有害垃圾

有害垃圾是指存在对人体健康有害的重金属、有害物质或者对环境造成危害的废弃物（如图 4-7），一般包括废充电电池、废灯管、废水银温度计、废油漆桶、过期药品以及过期化妆品等。由于这类垃圾的特殊性，对其处理要采取特殊措施。

目前，随着各种用电池做能源的电器设备的增加，无论是在办公区域还是在居民生活区内，几乎经常可以看到被人们随手丢弃的废旧充电电池。我们日常使用的充电电池，主要是靠化学腐蚀作用产生电能的化学电池，其中含有大量的重金属，如镉、汞、铬及其他有害物质。混杂在一般生活垃圾中的废电池，在堆放过程中，其中的有害物质会从中溢出，污染土壤和水源，

图 4-7　有害垃圾

对生态环境和人体健康带来威胁。废荧光灯管和废水银温度计等因其中含有汞，也是有害垃圾。

4. 其他垃圾

包括除上述几类垃圾以外的砖瓦、陶瓷、渣土、卫生间废纸、纸巾等难以回收的废弃物（如图 4-8），采取卫生填埋可有效减少对地下水、地表水、土壤及空气的污染。

图 4-8　其他垃圾

小链接　有关垃圾分类的宣传语

用手机扫描二维码，可到网上阅读相关内容。

二、广州市市长提出的宣传口号

为了做好广州垃圾分类的工作，广州市市长提出了垃圾分类的宣传口号：能卖拿去卖，干湿要分开，有害单独放（如图 4-9）。

图 4-9　宣传垃圾分类处理

能卖拿去卖： 可回收物应当交售给再生资源回收站点或者投放至可回收物收集容器，由再生资源回收利用企业或者资源综合利用企业进行处置。

干湿要分开： 餐厨垃圾应当投放至餐厨垃圾收集容器；其他垃圾应当投放至其他垃圾收集容器，其中大件垃圾应当按规定预约再生资源回收站点或者环境卫生作业单位上门收集搬运。餐厨垃圾和其他垃圾应当由市城市管理行政主管部门确定的生活垃圾处理场（厂）进行处置。

有害单独放： 有害垃圾应当交给有害垃圾回收点或者投放至有害垃圾收集容器，由具有相应危险废物经营许可证的企业进行处置。

Part 5 垃圾分类常见问题

垃圾分类是对垃圾收集处置传统方式的改革，是对垃圾进行有效处置的一种科学管理方法。能否做好垃圾分类，关键是做好宣传推广垃圾分类基本常识，依靠广大居民的支持和配合。在日常垃圾分类具体操作时，常常碰到以下问题。

（1）厕纸、卫生纸、擦汗纸巾可回收吗？

不可回收。厕纸、卫生纸、纸巾遇水即溶，而且带有汗液、鼻涕或粪便的纸被严重玷污不能再回收利用，不算可回收的“纸张”。不过，它们作为其他垃圾送到垃圾焚烧厂，是可以转变成电能的。

（2）餐厨垃圾装袋一起扔进餐厨垃圾收集桶对吗？

常用的塑料袋，即使是可以降解的也远比餐厨垃圾更难腐蚀。此外，塑料袋本身是可回收垃圾。正确做法应该是将餐厨垃圾倒

入垃圾桶，塑料袋另外扔进可回收物桶里。

(3) 花生壳算其他垃圾吗？

“果壳瓜皮”的标志就是花生壳，属于餐厨垃圾。家里用剩的废弃食用油，目前也归在餐厨垃圾类。

(4) 残枝落叶算其他垃圾吗？

残枝落叶，包括家庭中开败的鲜花等都属于餐厨垃圾。

(5) 尘土算其他垃圾吗？

尘土属于其他垃圾，但残枝落叶，包括家里开败的鲜花等属于餐厨垃圾，这就带来一个难题：如果阳台上种了花，松松土修剪了枝叶，扫一簸箕垃圾还得再分一次吗？如果你是一个坚定的环保主义者，不怕麻烦，当然赞成这么做。但也允许倒入其他垃圾，尤其对小区保洁员来说，再次分类无疑会增加劳动强度，所以目前把清扫垃圾全部归到其他垃圾这一类。

(6) 啤酒瓶收破烂的都不要了，算其他垃圾吗？

啤酒瓶能卖钱，属于可回收物。只不过它个头大、利润低，遭嫌弃罢了。所以还是要和报纸等放在一起，收集多了一起卖掉。

(7) 塑料做的纽扣，应该是可回收物吗？

除塑料袋外的塑料制品，比如泡沫塑料、塑料瓶、硬塑料、橡胶及橡胶制品都属于可回收物，所以塑料纽扣也是可回收物。但如果数量不大的话，纽扣也可以投在其他垃圾里。

(8) 速冻饺子、豆腐包装盒，都是厨房里产生的垃圾，当然是餐厨垃圾吗？

厨房里产生的垃圾不一定就是餐厨垃圾。一次性餐具、食品包装袋都归类其他垃圾，另外，用过的餐巾纸、卫生间的纸，还有抽过的烟头、旧衣物，也属于其他垃圾，而酱油瓶、醋瓶等，则属于可回收物。

餐厨垃圾也不都是在厨房产生的，它包括生活垃圾中的餐饮垃圾、厨余垃圾和集贸市场有机垃圾等易腐性垃圾。家中枯萎的鲜花、修剪的盆栽枝叶等都是餐厨垃圾。

(9) 热水瓶胆和废旧灯管一样，属于有毒有害垃圾吗？

一般有危害性、传染性、易燃易爆的才划为有害垃圾之列。居民生活中产生的有毒有害垃圾不是很多，像头发上擦的摩丝，里面有压力容器，易燃易爆；再比如用剩的香水，里面的酒精成分多，易挥发，这一类可以作为有害垃圾处理。热水瓶胆本身是玻璃的，有一层很薄的水银，应该划为其他垃圾。另外，像修正液之类毒性不强，也可以归为其他垃圾。

节能灯和荧光灯是有害垃圾，钨丝灯泡是其他垃圾。节能灯和荧光灯中含有汞，对大气、土壤、水源污染十分严重，加上汞的沸点很低，在常温下就可以蒸发，所以废弃的荧光灯管破裂后，会立即向周围散发蒸气，一旦空气中的汞含量超标，就会破坏人的中枢神经系统，造成急性汞中毒而威胁人体健康。

(10) 洗衣粉、洗涤剂、洗面奶等洗涤化妆用品属于其他垃圾吗？

洗涤化妆用品属于有害垃圾。

(11) 废弃的牛奶纸盒、酸奶塑料盒能作为可回收物吗？

可以，但应当洗干净后投入可回收物收集桶内。

(12) 铅笔是有害垃圾还是其他垃圾？

铅笔是其他垃圾。因为铅笔的笔芯主要成分是石墨，石墨是由碳组成的，对人体没有伤害。大部分的铅笔外边是一层木质的保护层，防止铅笔芯折断，其主要成分是纤维素，是无毒的。

（13）一次性电池是有害垃圾吗？纽扣电池、充电电池是有害垃圾吗？

一次性电池不是有害垃圾，是其他垃圾。我们经常使用的一次性 5 号、7 号干电池，主要成分为锌和锰，一般在电视遥控器、玩具中使用。我国一次性干电池基本达到无汞或低汞标准，所以不属于有害垃圾，但随着金属回收提炼技术的提高，可能一次性干电池将来合归为可回收物的。

纽扣电池和充电电池主要用于手表、手机、计算器等，含有镉、钴、镍等重金属，这些重金属如果渗出则会污染土地和水源，最终通过食物进入血液，将对人体健康造成极大危害，因此属于有害垃圾。

（14）旧衣服是可回收物吗？

旧衣服属于其他垃圾。这是因为目前科学技术的限制，我们暂时没有办法大量回收旧衣物加工成新的物品，如果以后废旧纺织品综合利用技术成熟了，旧衣物就可以归为可回收物。

（15）矿泉水瓶里喝剩的水为什么要倒掉再丢？

矿泉水瓶里喝剩的水、牛奶盒里剩下的牛奶都要倒掉再扔进垃圾桶，这样既可以减少环卫工人的工作量，又可以压缩瓶罐的体积而方便运输。所以只要我们在扔垃圾时做一点事，就能为后面的回收工作带来很多方便。

（16）宠物离世了，是把它埋了呢，还是丢在垃圾桶里呢？

宠物的尸体不属于生活垃圾，不能丢在垃圾桶，但也不能随便葬在小区、公园里，因为宠物身上携带的病菌、病毒和寄生虫，只有通过火化或深埋才能彻底杀灭，如随便丢弃或直接浅埋，很有可能对环境造成污染，甚至可能造成病菌传播。死老鼠也是一样，不属于生活垃圾，而是病媒生物哦。

（17）干湿要分开，是不是说干垃圾就是其他垃圾，湿垃圾就是餐厨垃圾呢？

基本上可以这么说，但也有例外。比如湿纸巾、纸尿布，这些是湿的，但属于其他垃圾；而过期的饼干、家中枯萎的鲜花，这些是干的，但是能堆肥，属于餐厨垃圾。干湿要分开，是一个概括形象的说法，便于大家记忆。

Part 6 分类的垃圾去哪了

我国有着分类回收废品的历史传统，过去分类回收废物或许只是作为低收入的补充手段，在逐渐富裕的今天，分类并回收废品则是保护环境的自觉意识和行动。因为我们清楚地知道，分捡的不止是一张废纸、一块玻璃、一个易拉罐，而是我们的子孙安身立命的森林和河流。

现代人类急需找到新能源以替代高危能源。日本由地震和海啸引发的电站核泄漏已经导致全世界开始重新审视能源使用的安全问题。而城市生活垃圾集安全性、稳定性、经济性、社会性于一体的特点将为其开创在能源领域的新天地，因此，分类的垃圾不仅成为宝贵的资源，也成为宝贵的能源。垃圾分类后的去向流程如图 6-1 所示。

图 6-1　生活垃圾分类处理流向图

一、资源回收

城市垃圾中的废纸、废塑料、废金属和废玻璃是可回收利用的典型成分，其回收量高，利用技术成熟，再生产品应用广泛。垃圾分筛流程如图 6-2。

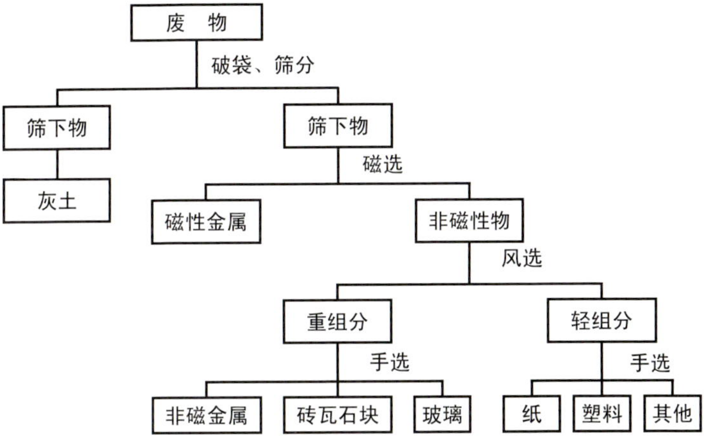

图 6-2　垃圾分筛流程图

1．纸类废物的回收利用

造纸工业是国民经济重要的基础原材料产业之一，纸及纸板的消费水平已成为衡量一个国家现代化水平和文明程度的一个重要标志。造纸工业具有资金技术密集和规模效益显著的特点，其产业关联度大，较大的市场容量和发展潜力已成为拉动林业、农业、机械制造、化工、自动控制、交通、环保、印刷、包装等产业发展的重要力量，形成我国国民经济发展的新增长点。由于造纸工业以木材、竹、芦苇等原生植物纤维和废纸等再生纤维为原料，可部分替代塑料、钢铁、有色金属等不可再生资源，因而是

我国国民经济中具有可持续发展的特点，可实现循环经济的重要产业，具有旺盛的生命力。目前，我国纸及纸板的生产量和消费量均居世界第 2 位，仅次于美国。

随着世界经济的发展，纸产品消费的增长，今后全球纸业的发展将面临资源约束、环境压力等问题，我国造纸工业面临的这些问题尤显突出。造纸的主要原料为木材纤维，而我国是一个木材资源极度缺乏的国家。全国纸浆消费总量随着纸及纸板的增长呈增加趋势，纸浆结构中，非木浆比例继续呈明显下降趋势，废纸浆增幅加大，国内废纸浆的比重由 28% 提高到 34%，支撑着纸浆结构的调整，由此可见国内废纸回收利用的前景十分广阔。

废纸的回收利用不但可以减少对一次资源（如木材、竹材、芦苇、麦草等）的消耗，在使用其重新造纸的过程中，所消耗的能源及产生的污染都要少得多。采用不同的废纸原料生产不同的产品，废纸造纸所消耗的水、电、汽、化学药品等原料用量是不同的。一般来说，废纸造纸较一次资源造纸在原料消耗上节省 40% 以上，耗水量减少约 50%，节约能源 60%~70%，减少大气污染 60%~70%，生物耗氧量减少 40%，水中悬浮物减少 25%，固体垃圾减少 70%。

废旧书刊报纸、废旧纸板箱和未污染的白纸等废纸可回收用于制浆造纸生产过程，生产纸板箱、涂布白纸板、瓦楞纸和新闻纸等，也可以制作农用育苗盒，采用生物技术生产乳酸等化工产品，生产各种功能材料。

废纸的回收利用可根据不同的用途选择不同原料，形成梯级利用，做到物尽其用。如将纸打浆模塑成型制成缓冲衬垫包装材料，该材料回收后部分仍作为包装材料的原材料，一部分可用于生产复合材料、隔热隔音材料，或用生物技术将其转化成甲烷或酒精等化学品，也可用于废纸发电，燃烧产生的二氧化碳气体通过氧化钙溶液生产碳酸钙，得到的碳酸钙用作造纸填料，做到既节约资源，又不会造成新的环境污染。

对废纸进行精细分类是促进废纸回用产业发展，进而提高废纸回收量的重要手段。目前美国对废纸的回收、分拣、销售、生产直到使用有一套非常健全的制度体系。在美国废旧材料再利用工业协会颁布的专门针对废纸的分拣条例中，把废纸分为 51 类，并对各类废纸的品名、内质、含水率、杂质含量等作了详细的规定。仅报纸这一项，就被分成了发行量过剩的报纸、特级旧报纸（供脱墨用）、特种旧报纸和旧报纸 4 种。废纸有专门的废纸经营商，在规定区域内独家回收废纸业务。经营商可以按质论价，也有专门的物流部门负责打包、配送。这样一来，“美标废纸”质量稳定、价格适中，受到世界造纸商的青睐（如图 6-3）。与此相反，我国的废纸回收方式原始落后，从事废纸回收的经营商小而分散，缺乏实力，没有精细分选打包加工能力，更缺乏系统管理，造成收购的废纸质量差、杂质多、分类过粗，往往只能充当辅料。如高档新闻纸对原料的要求比较高，而国产废纸含量太复杂，纸张中的纤维长短不一，油墨的着附度互不相同，用标准的打浆机器和脱墨化学品可能无法得到标准的结果。因此，造成了国外废纸大量进口的局面。

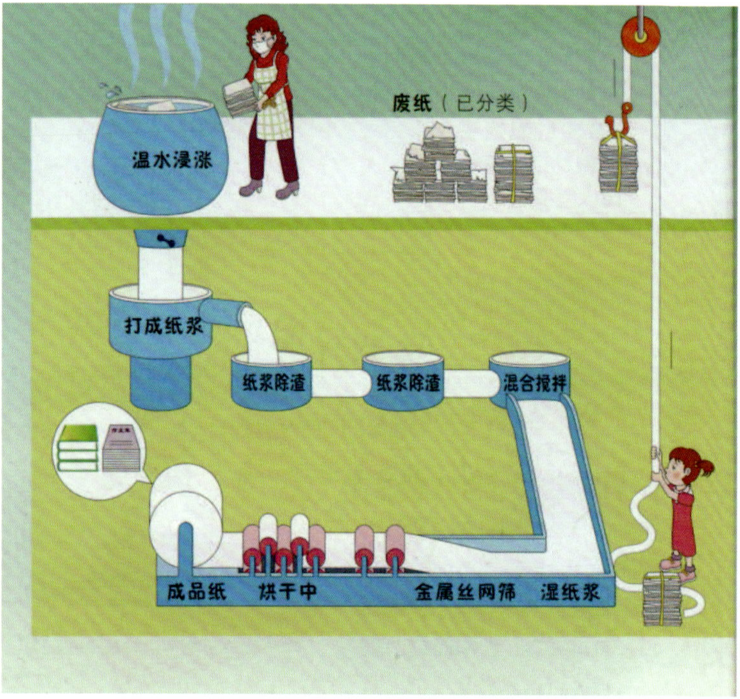

图 6-3　废纸回收利用流程

2. 塑料类废物的回收利用

废塑料的再生利用可分为直接再生利用和改性再生利用两大类。直接再生利用是指将回收的废旧塑料制品经过分类、清洗、破碎、造粒后直接加工成型或与其他物质经过简单加工制成有用的制品（如图 6-4）。这种直接再生制品已经广泛应用于农业、渔业、建筑业、工业和日用品等领域，废旧塑料的直接再生利用属于较低层次的利用模式，可以在工业化水平较低的地区推广。改性再生利用是指将再生料通过物理或化学方法改性（如复合、增强、接枝）后再加工成型。经过改性的再生塑料，机

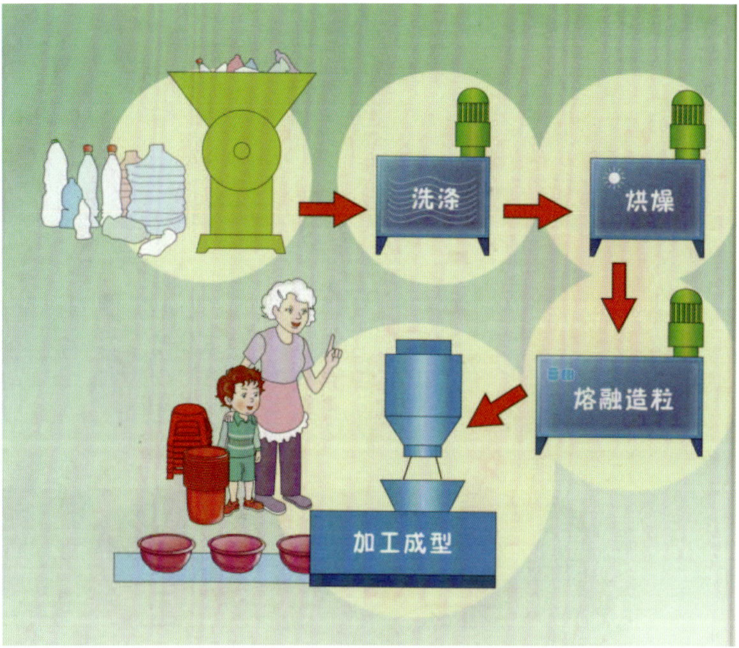

图 6-4　废塑料回收利用流程

械性能得到改善或提高，可用于制作档次较高的塑料再生制品。改性利用工艺较复杂，需要特定机械和设备，但再生制品性能好，是一种很有潜力的发展方向。

此外，废塑料和其他材料复合是近年来广泛应用的新技术。废塑料的性能虽然有所降低，但其塑料性能依然存在，废塑料和其他材料复合，形成具有新性能的复合材料，如聚丙烯塑料可与经粉碎、表面处理后的稻草秸秆复合制备秸秆 / 塑料复合材料，形成环保型木塑复合仿木材料；废旧塑料和粉煤灰可混合制造建筑用瓦。目前细分类塑料的利用技术已相对很成熟，而混合塑料的回收利用难度高，回收技术还有待进一步开发，因此在塑料再生利用之前，对原料进行细分类是提高回用水平的重要条件。

3. 玻璃类废物的回收利用

废旧玻璃的再生利用途径多样（如图 6-5）。在开发新型建筑材料方面，可用于制造高档的结晶型玻璃或微晶玻璃墙地砖、玻璃马赛克和保温用泡沫玻璃等。用废旧玻璃生产泡沫玻璃不需要考虑玻璃的脱色问题，生产工艺简单，成本低、质量好，而且产品用途广泛。其工艺过程是：将玻璃清洗干净、磨粉，加入发泡剂并混合均匀，经高温熔化、膨胀、冷却、退火等过程，最后

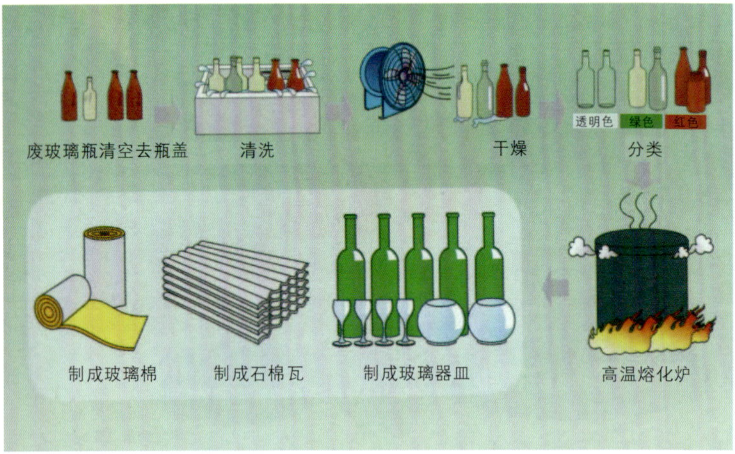

图 6-5　废玻璃回收利用流程

慢慢冷却至常温，制成泡沫玻璃。泡沫玻璃可广泛用作隔热材料和隔冷材料，还可用作建筑和空调方面的保温材料。此外，废玻璃还可与树脂复合制造人造石，可代替石子制造水磨石，添加到沥青路面中可改善路面的多项性能，粉碎后可作为水泥增强剂；废玻璃还可与钢渣混合生产微晶玻璃装饰板，与粉煤灰配料可生产烧结型饰面材料。在农业方面，将氮、磷、钾之外的铁、锌、铜、

锰、硼、钼等微量元素与碎玻璃烧结，可制成玻璃肥料，对易溶性土壤和灌溉式田园特别有效。

利用碎玻璃的技术方案很多，但是目前除了啤酒瓶被回收复用外，其他包装容器基本没有被回收。碎玻璃曾经是小平板玻璃厂的主要原料，在国家限制“五小”工业后，碎玻璃利用率大幅度下降。

4。金属类废物的回收利用

废旧金属如铜、铝、铁等可经重新加工作为二次资源回收利用，成为重要的工业原材料。废铝作为一个重要生产原料，成为大多数回收企业经营的主要回收品种之一。

现在大量回收的铝制容器——易拉罐被运到铝厂熔炼成纯度高达 99.7% 的铝锭，比使用铝矿石提炼铝锭大幅度节约能耗（如图 6-6）。再生技术的难点在于如何清除印刷的油墨和内腔的有

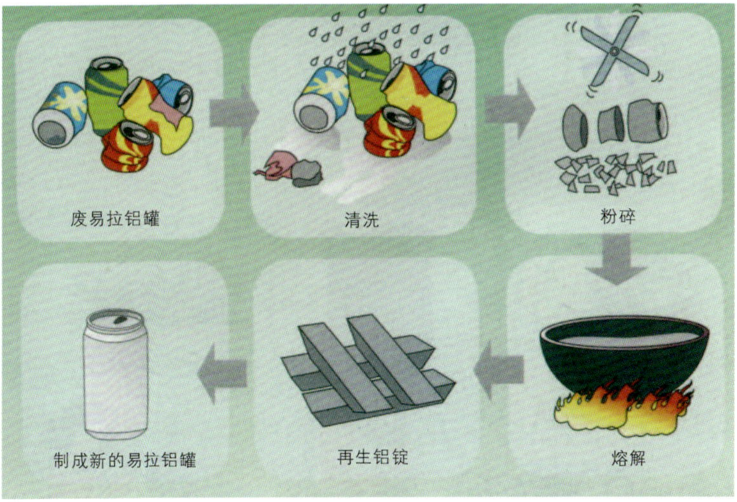

图 6-6　铝的回收利用

机涂层，办法有 2 种：一是采用丙酮等有机溶剂将漆、油脂或其他表面污染物清除；二是采用 538℃高温脱漆。对于用纯铝制造的包装容器（如牙膏软管），经碱洗后可直接挤压分切成铝粒。对于镀铝纸，清洗干净后与润滑剂（石蜡）混合粉碎、筛选、洗涤、抛光，能得到铝粉，商业上叫银粉。对于混合的铝包装废弃物，可以通过酸溶水解、过滤、聚合等工序，生产净化工业废水用的聚合氯化铝。

再生铁资源的利用可分为直接利用和间接利用。直接利用是指通过加工改变其外观或形状，生产新产品。如对于大型铁桶，如果锈蚀不严重，可以考虑直接用来制造瓦楞铁板，或改制成较小尺寸的铁桶。间接利用是指将废金属直接冶炼（如图 6-7）。当钢铁包装废弃物不能复用时，均可作为废铁回收，送到钢铁厂重熔。但是，钢铁包装容器中存在的铅、锡、铝等低熔点金属，易与熔化炉的耐火材料反应，造成炉壁损伤，并降低钢材质量。例如，钢材中含 0.01% 的锡，就会使钢锭开裂，热加工时易产生裂纹；同时会使材质硬化，造成冷轧困难。铅容易穿透炉底，造成漏钢事故。

图 6-7　废铁回收利用流程

5. 不可燃物的回收利用——生产建筑材料

将城市生活垃圾经分选出的不可燃物用于生产建筑材料，是大规模垃圾处理或废弃物再利用过程中使垃圾凝固再生和有益化的新技术，也是推进墙体材料革新、推广建筑节能以保护耕地和节约能源的迫切需要（如图 6-8）。据悉，目前我国耕地面积占国土面积约 10%，不到世界平均水平的一半。我国房屋建筑材料中 70% 是墙体材料，其中黏土砖占据主导地位，生产黏土砖每年耗用黏土资源达 10 多亿 m^3，约相当于毁田 50 万亩（1 亩 =0.067hm^2），同时，我国每年生产黏土砖消耗 7000 多万 t 标准煤。如果实心黏土砖产量继续增长，不仅增加墙体材料的生产能耗，而且导致新建建筑的采暖和空调能耗大幅度增加，将严重加剧能源供需矛盾。墙体材料是长线产品，要保障墙体材料有源源不断的原材料供给，必须注意对自然资源的节约使用，对固体废弃物的综合利用，实现资源的重复循环。在当前全社会都在努力向“建设资源节约型、环境友好型社会”迈进的进程中，在国家大力倡导“环保节能建筑材料”、禁用“黏土实心砖”的政策环境下，利用生活垃圾生产环保节能轻质建筑材料将具有重大的经济效益和社会效益。

图 6-8　上海世博会芬兰馆建筑材料源自垃圾

城市生活垃圾经分选出

的不可燃物用于生产建筑材料，目前在国内已有很多成功的案例。比如中国资源综合利用协会下属企业北京绿新华清洁生产技术开发中心研发的“无机垃圾生产建筑材料”项目，该项目采用一种新型固化剂——专用改性剂，采用专用成熟的工艺和成套设备，对从生活垃圾中分类出来的无机物进行除臭、消毒、重金属包容、粉碎等处理后进行固化，成型为路牙石、防浪石、彩色道板砖等建筑材料，可用于公路路基，填海造田，修筑渠、河、江、海堤坝。

经国家建筑材料测试中心和国家环境保护总局检测中检测，项目产品各项技术均符合国家规定的标准。另外，还有四川省西充县红星页岩机砖厂直接利用生活垃圾制烧结砖，青岛市利用生活垃圾生产空心砖等成功的项目。

6。餐厨垃圾的回收利用

餐厨垃圾的资源化途径很多，对其进行回收利用的过程中，可根据当时当地的特点以及利用价值的大小，把各种用途进行排序，以使餐厨垃圾的利用价值最大化。

无论从环境保护，还是从资源循环利用角度出发，餐厨垃圾处理的最佳方式就是使其转化为稳定的有机质，使其来源于自然再回归自然。餐厨垃圾的生物可降解率高达82%，适宜采用各种生物转化技术进行处理。餐厨垃圾处理技术的成熟，使其流向可能改变，不再混合地流向焚烧炉或填埋场，而是流向新的产品生产过程。餐厨垃圾含有较丰富的营养物质，经过分拣，去除动物硬骨、废餐具、纸巾及其他杂质，再进行高温高压蒸汽灭菌的综合处理，其中干物质直接干燥粉碎制成蛋白质饲料制品，液体经油水分离提取出油脂作为工业原料，废水经活性污泥处理后达标排放。制成的高营养动物饲料，蛋白质含量在20%~30%，喂养猪、鸡，也可供宠物食用。我国饲料蛋白质短缺，餐厨垃圾生产蛋白饲料有着广阔的市场空间。

餐厨垃圾同时也是制造肥料的宝贵资源。餐厨垃圾中丰富的营养成分是有益微生物的最佳养料，同时在降解过程中产生有机养分，添加微生物制成的活性生物有机肥，可大幅度地填补目前绿色农业的空白。利用垃圾集中的堆放场地建厂，采用现代化装备和技术，将餐厨垃圾分选、脱水、发酵、烘干、破碎，混合化肥、造粒后制成有机肥料（如图6-9）。基本技术可分为好氧发酵堆肥法和厌氧发酵消化法，根据对通风、湿度、搅拌、温度的不同控制以及菌种和菌种添加方法的不同，可以演变为多种工艺流程。农田果林都需要大量有机肥料，肥料市场广大，制肥应是垃圾资源化的基本方向。

图6-9　餐厨垃圾堆肥流程图

餐厨垃圾还可以考虑生产燃油（如图6-10）。

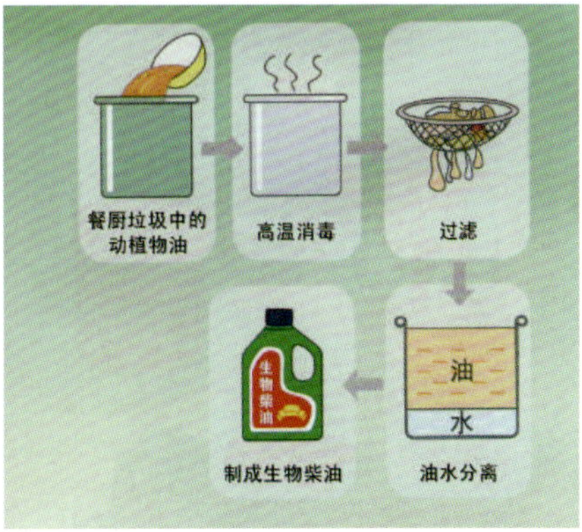

图6-10　餐厨垃圾生产燃油

小链接　垃圾的旅程

垃圾的旅程如图 6-11，具体为：

（1）扔：居民家中垃圾干湿分类，对应投放楼道分类桶内。

（2）查：分类指导员检查楼道分类桶内垃圾是否投放正确。

（3）收：环卫工上门分类回收运至中转站，干湿垃圾各自被倒进了两个区分开的垃圾桶箱里。

（4）分：在精细分类点环卫工进一步细分。

（5）运：可回收物——再生资源有偿回收，联系有关的回收机构前来称取；其他垃圾——焚烧发电；餐厨垃圾——生化处理；有害垃圾——废灯管、过期药品等存够了一定量，再转给处理各类有害垃圾的专业机构。

1 扔：居民家中垃圾干湿分类，对应投放楼道分类桶内。

2 查：分类指导员检查楼道分类桶内垃圾是否投放正确。

3 收：环卫工上门分类回收运至中转站，干湿垃圾各自被倒进了两个区分开的垃圾桶箱里。

二、能源利用

城市生活垃圾具有一定的热值，可以视为一种固体燃料。垃圾焚烧处理在垃圾综合处理中的比重逐年增加，不仅能达到了减容、减量的目的，还能回收热能。同时新的热能利用方式已成为各国研究的热点。

1. 热分解

热分解是利用有机物的热不稳定性，在缺氧条件下加热，致使分子量大的有机物产生裂解，转化为分子量小的燃料气、液体（油、油脂等）。热分解的生成物，因分解反应条件不同而有所

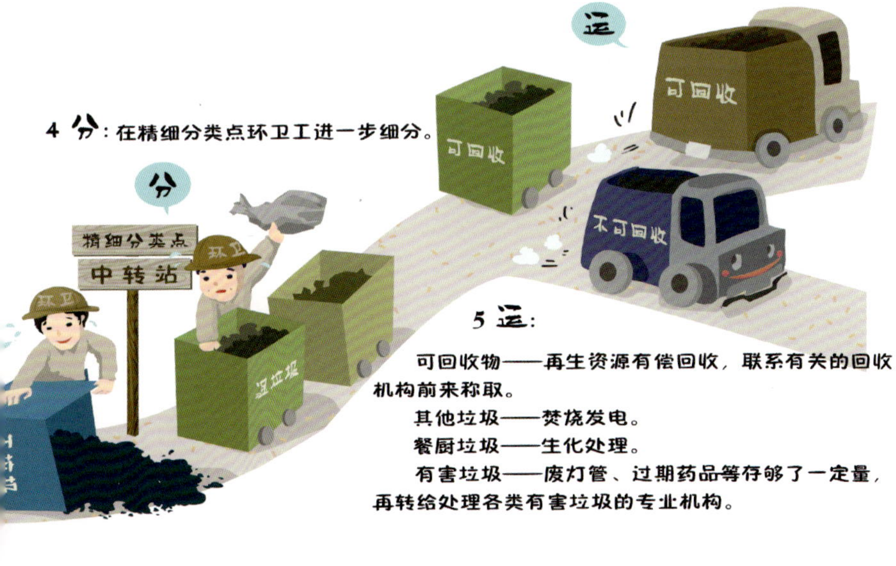

图 6-11　垃圾的旅程

不同。

城市生活垃圾热分解具有不同于焚烧的一大优点，焚烧只能回收热能，而热分解可以从废物中回收可以储存、输送的能源（油或燃料气等）。但废物的热解因废物的种类多、变化大、成分复杂，要稳定连续的热分解，在技术上和运转操作上要求都十分严格。因此，热分解设备费用和处理成本也较高，热分解的经济性就成了能否实用化的一个关键。

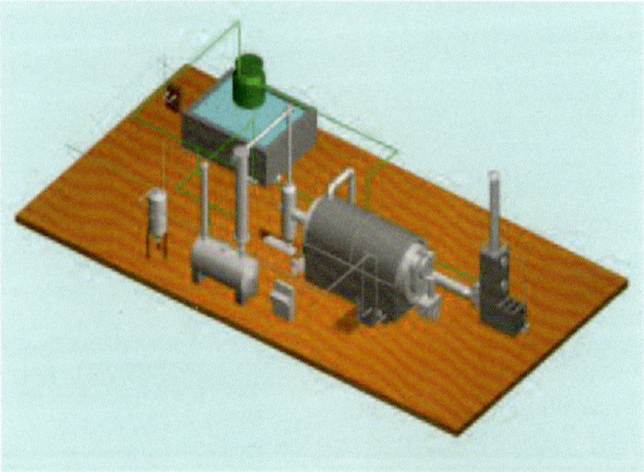

图 6-12　基本型废塑料炼油设备

热解处理系统是以资源回收、能源利用为主要目的的处理系统（如图 6-12）。由于城市垃圾的物理化学成分极其复杂且变化较大，对成分复杂、破碎性能各异的城市垃圾进行破碎、分选等预处理过程就需要消耗大量的动力和极其复杂的机械系统，若将热解产物作为资源回收，则要保持产品具有稳定的质和量，这是很大的技术挑战。其中使用最广泛的是塑料热分解，这是一种对废旧塑料较为彻底的回收利用方法。做法是将废旧塑料制品中原树脂高聚物经过较彻底的大分子链分解，使其回到低分子量状态，经蒸馏分离可获得使用价值高的石油类产品。根据采用的技术可分为高温分解和催化低温分解，主要用于热塑性的聚烯烃类废塑料。

2. 垃圾衍生燃料

图 6-13　垃圾衍生燃料棒

垃圾衍生燃料（Refuse Derived Fuel，简称 RDF）技术是通过对城市生活垃圾的破碎及分选，从垃圾中除去金属、玻璃、砂土等不燃物，将垃圾中的可燃物（如塑料、纤维、橡胶、木头、食物废料等）破碎、干燥后，加入添加剂，致密成型，最终制成固体燃料。这种固体燃料具有热值高、燃烧稳定、易于运输和储存、二次污染低等特点。如在制备中加入煤可以提高热值；加入氧化钙等碱性物质可以减少燃烧时氯化氢的排放，减轻了对焚烧设备的腐蚀，也降低了二噁英的排放，是很好的化石燃料替代品，可广泛应用于干燥工程、水泥制造、供热工程和发电工程等领域。垃圾衍生燃料（RDF）的诞生，无疑为垃圾能源化带来了生机，成为垃圾利用领域新的生长点。美国检查及材料协会（ASTM）按城市生活垃圾衍生燃料的加工程度、形状、用途等，将 RDF 分成 7 类（如表 6-1）。在美国 RDF 一般指 RDF-2 和 RDF-3，瑞士、日本等国家 RDF 一般是指 RDF-5。其形状为直径 10~20mm、高 20~80mm 的圆柱体（如图 6-13），热值为 14 600~21 000kJ/kg。

RDF 技术对作为原料的城市生活垃圾性质和组成应有最低要求，其关键性质包括垃圾原料的热值、灰分和水分。原料热值是关键特性之一，如果原料热值过低，将使 RDF 燃烧性能变差，且对燃烧设备寿命及污染物控制产生不利的影响。因此，在预处理时应尽量去除不可燃物，增加原料热值。RDF 的组成和性质随着地区、生活习惯、经济发展水平的不同而不同，一般来讲，其组成为：纸 68%、塑料胶片 15%、硬塑料 2%、木材和橡胶 4%、其他物质 11%。

表 6-1　RDF 分类

分类	内容	备注
RDF-1	去除粗大垃圾	
RDF-2	去除金属和玻璃，粗碎后通过 152mm 筛分，95% 是方形，约 15cm 细粒度	C-RDF[Coarse（粗）RDF]
RDF-3	去除金属和玻璃，粗碎后通过 50mm 筛分，95% 是方形，约 5cm 细粒度	F-RDF[Fluff（绒状）RDF]
RDF-4	去除金属和玻璃，粗碎后通过 1.83mm 筛分，粉末状	P-RDF[Powder（粉）RDF]
RDF-5	去除金属和玻璃等不可燃物，粉碎、干燥、加工成型，颗粒状	D-RDF[Densitied（细密）RDF]
RDF-6	将城市生活垃圾加工成液体燃料	Liquid Fuel（液体燃料）
RDF-7	将城市生活垃圾加工成气体燃料	Gaseous Fuel（气体燃料）

3。制炭

“垃圾制炭”新技术是处置城市生活垃圾的新突破，全国首例的城市生活垃圾制炭环保工程项目已在南京浦口工业园正式投产。该技术使生活垃圾经过分拣、脱水、粉碎、压缩、高温炭化等流程后，转变成热值较高的新能源——半焦式炭，将城市生活垃圾制成焦炭。生活垃圾送至生产线后，分拣工人将垃圾中的陶瓷、玻璃、建筑垃圾剔除，经过 40min 常压高温炭化处理，制成无臭无菌的半焦式炭，能直接用于发电、制热、制蒸汽。与其他处理方式相比，垃圾制炭工艺投资较少，为同等规模垃圾焚烧发电投资的 1/15 左右。

Part 7 变废为宝有妙法

按照现行的“产生多少－收运多少－建设多少填埋场或焚烧厂”的治理模式，已无从破解“垃圾围城”的困局。因此，需转变垃圾管理理念，以垃圾减量和分类为突破口，确立预防产生与多元治理并举的垃圾管理新思路，逐步建立“避免产生－资源回收－分类处理－能量循环”的垃圾管理新模式，这样可以从源头上避免或减少垃圾产生，提高资源回收利用率，达到减少垃圾最终处理量、变废为宝、减少二次污染等目标，还可以有效增强市民环保意识，有助于培养保护环境、减少废弃的价值观念和文明生活习惯，推动市民文明素质的提升，促进精神文明与生态环境建设，提升城市品位和形象。

1. 旧长筒袜做靠垫

将穿破的长筒袜筒部剪下，里面塞满棉花或剪碎的海绵，然后将一个个袜筒接缝起来，盘卷成圆盘状，用针线缝好，上面再加一些小装饰，则就成了美观实用的靠垫。

2. 废旧海绵使花木能长时间得到充足的水分

将废旧海绵放在花盆底部，上面盖一层土，在浇花的时候，海绵可以起到蓄水作用，较长时间地供给花木充足的水分。

3. 废瓶盖去鱼鳞既快又安全

将五六个啤酒瓶或饮料瓶盖交错地固定在一块木板上，留出把手，用它来刮鱼鳞（如图 7-1），既快又安全。

4. 废油巧利用

使用的材料为：平常炸食物用过的废油、餐巾纸。

步骤为：①将厨房用纸浸泡在油里，浸透为止；②用浸了油的纸巾擦抹有油污的抽油烟机；③ 5min 后再用热水冲洗，抽油

图 7-1　瓶盖刮鱼鳞

烟机就很干净了。

其原理是：由于油类之间相互接触容易产生渗透，所以在油渍上涂抹废油后，能比较容易地去除油渍。

5. 巧用废瓶子

制小喷壶。有些饮料瓶的色彩鲜艳，丢弃可惜，可用来做一个很实用的小喷壶。用废瓶子做小喷壶时，只要在瓶子的底部锥些小孔即可。

制量杯。有的瓶子（如废弃不用的奶瓶等）上有刻度，只要稍加工，就可利用它来做量标用。

使衣物香气袭人。用空的香水瓶、化妆水瓶等不要立即扔掉，把它们的盖打开，放在衣箱或衣柜里，会使衣物变得香气袭人。

擀面条。擀面条时，如果一时找不到擀面杖，可用空玻璃瓶代替。用灌有热水的瓶子擀面条，还可以使硬面变软。

除领带上的皱纹。打皱了的领带，可以不必用熨斗烫，也能变得既平整又漂亮，只要把领带卷在圆筒状的啤酒瓶上，待第二天早上用时，原来的皱纹就消除了。

护手表。将小塑料药瓶剪开，手表放在上面，用圆珠笔画下手表的形状后按样剪下，两边剪出穿表带的长形口子，将表带从口子中穿出，再从表的两端栓柱内通过，然后戴在手上，既平整、防汗，又不易脱落。

制漏斗。用剪刀从可乐空瓶的中部剪断，上部即是一只很实用的漏斗，下部则可作一只水杯用。

制筷子筒。将玻璃瓶从瓶颈处裹上一圈用酒精或煤油浸过的棉纱，点燃待火将灭时，把瓶子放在冷水中，这样就会整整齐齐地将玻璃瓶切开了，用下半部做筷子筒倒也很实用（如图7-2）。

图 7-2　玻璃瓶制筷子筒

制风灯。割掉玻璃瓶底，插在竹筒做的灯座里即成。灯座的底上要打几个通风小洞，竹筒的底缘也要开几个缺口，这样把灯放在桌上，空气就能从缺口里进去。

制吊灯罩。找一个大的、带瓶盖的、色彩艳丽的空酒瓶（如白兰地酒瓶等），割瓶子打磨光滑。在瓶子里装上吊灯头和灯泡，在原来的瓶盖上钻个孔，让电线穿过，拧上瓶盖。在瓶颈上套 8cm 长的彩色塑料管，在瓶子中部贴上一圈金色的贴胶纸，就成了一盏美丽的吊灯。

制洗发器。用塑料瓶可做一个齿形洗发器，将瓶子在其颈下面一点剪成两半，用剪刀修成锯齿形（锯齿尽可能地剪得尖一些）即可。

6. 巧用废瓶盖

洁墙壁。将几只小瓶盖钉在小木板上，即成一个小铁刷，用它可刮去贴在墙壁上的纸张和鞋底上的泥土等，用途很广。

垫肥皂盒。将瓶盖垫在肥皂盒中，可使肥皂不与盒底的水接触，这样还能节省肥皂。

制洗衣板。将一些废药瓶上的盖子（如青霉素瓶上的橡皮盖子等）搜集起来，然后按纵横交错位置，一排排钉在一块长方形的木板上（钉子必须钉在盖子的凹陷处），就成为一块很实用的搓衣板。因橡皮盖子有弹性，洗衣时衣服的磨损程度也比较轻。

护椅子的腿。在地板上搬动椅子时常会发出令人刺耳的响声，为避免这一点，可在椅子的腿上安上一个瓶盖（如青霉素瓶上的橡胶盖）作为缓冲物，这样既不会发出刺耳的声音，又可以保护椅子的腿。

护房门面。将废弃无用的橡皮盖子用胶水固定在房门的后面，可防止门在开关时的碰撞，起到保护房门面的作用。

修通下水道的揣子。通下水道的揣子经过长时间使用后，木把就与橡胶脱离了。遇到此情况，可找一个酒瓶铁盖，用螺钉将瓶盖固定在木把端部，然后再套上胶碗就可以免除掉把的现象。

止痒。夏天被蚊虫叮咬奇痒难忍，可将热水瓶盖子放在蚊子叮咬处摩擦2~3s，然后拿掉，连续2~3次，剧烈的瘙痒会立即消失，局部也不会出现红斑。瓶盖最好是取自90℃左右水温的热水瓶。

养花卉。取一只瓶盖放在花盆的出水孔处，既能使水流通，又能防止泥土流失。

7. 零碎布的利用

边角碎布的用途很多，例如，做孩子衣服时，可以选择一些色泽鲜艳的碎布，剪成有趣的小动物图案，作为贴布花，贴在儿童的膝盖等处，既能增加美观，起到装饰作用，还可以增加这些部位的牢固性，延长穿着寿命。

8. 旧唱片的利用

已废旧的塑料唱片，可以在炉上烤软，用手轻轻地捏成荷叶状，这样就成了一个别致的水果盘；也可以随心所欲地捏成各种样式，或用来盛装物品，或作摆设装饰，都别具特色。

9. 废旧盒子的妙用

用废旧的盒子（如牙膏盒）做一个笔筒，制作过程如下：

（1）把牙膏盒在1/3处剪下，将它和2/3的另外部分并列用双面胶粘在一起。

（2）用彩色卡纸画2个高低比粘好的盒子略高一些的动物画像，如用长颈鹿装饰一下。

（3）把2个动物画像粘在牙膏盒的两边，一个漂亮的笔筒就做好了。

（4）也可以用其他盒子做一些实用的杂物盒。

Part 8 其他国家和地区垃圾分类的做法

国外发达国家最早开始尝试生活垃圾的有效管理研究，生活垃圾分类回收制度最早于 1970 年在发达国家开始实施。目前，德国、日本、韩国等发达国家都已经实施了这一做法。通过对生活垃圾进行分类收集，不但大幅提高资源回收率，还降低了生活垃圾后续处置难度。国外的生活垃圾处置方式主要有 4 种：填埋处置、焚烧处置、堆肥处置、综合处置。由于土地资源不断减少，生活垃圾填埋成本不断上涨，世界各国已经逐步降低生活垃圾填埋比例，增加焚烧比例。而堆肥仍然作为处理易腐有机物的有效方法。

一、德国的做法

德国早期的垃圾主要是通过填埋和焚烧进行处理，但随着生活垃圾产量的不断增多，德国开始探寻更加合理的垃圾管理机制。早在 1972 年 6 月，德国就通过了首部《废物避免产生和废物管理法》，开始对垃圾进行环保有效的处理，旨在减少工业和居民用户的废物量和提高废物回收率。自 20 世纪 80 年代中期以来，德国将垃圾管理的理念确立为“避免－利用－处置”。首先避免

垃圾的产生，对已经产生的垃圾首先考虑的应该是利用它，对于最后无法避免、依然存在的垃圾再进行处置。在德国将垃圾

分为塑料包装垃圾、有机垃圾及纸类垃圾等，垃圾都是分门别类地投放在庭院门口的各种颜色的垃圾桶内，由专业人员定期来收运。在巴伐利亚州垃圾桶分为 3 种颜色：黄色、黑色和绿色。但是在汉堡垃圾却分得更细，分为 4 类，即在这 3 种的基础上添加了一个棕色垃圾桶，用来放自然垃圾。德国除法兰克福外，各城市均设有专门放玻璃瓶的垃圾桶。这样既有利于降低垃圾处置难度，也有利于提高垃圾中的资源回收利用率。德国一般将生活垃圾分为以下几类进行收集：

1. 有机垃圾、包装等垃圾的回收

黄色桶是用于收集塑料等轻型的包装垃圾，如塑料袋、塑料盒等轻型包装。所谓轻型包装是指上面有绿色点标志的包装（此标志多存在于用完一次即可丢弃的包装，也是可以再次被回收利用的）。负责回收垃圾的工作人员每个月来收一次黄色桶内的垃圾。黑色桶用于收集有机垃圾。有机垃圾如食物残渣、菜叶和植物残枝等，占据了生活垃圾中很大部分。居民可以将这些有机垃圾堆肥利用，或者必须将有机垃圾丢到指定的有机垃圾桶内。同时居民也可在院内放置有机垃圾桶，清运费用根据垃圾桶的容量而定。在德国，通常有机垃圾每隔两周清运一次。由于有机垃圾容易腐烂变质，自 6 月份至 11 月中旬每周清运一次。绿色桶是用于回收纸类垃圾的，如报纸、纸箱等，一个月回收一次。

2. 旧玻璃瓶的回收

德国人的生活一般与玻璃瓶的关系相当密切，大量玻璃瓶的回收主要通过两种系统来实现：一是押金系统，一些食品与饮料的玻璃瓶或塑胶瓶上会印有特殊的标志，表示在购买饮料或食品

时已经预付了押金，如将旧瓶退回超市即可取回押金，通常这些商品价格相对便宜一些。二是定点回收，消费者在购买时不需预付押瓶费。在德国的许多学校及单位内都设有饮料的自动贩卖机，在其附近或者一些固定地点，如学生餐厅等，通常都设有回收玻璃瓶的箱子。厂商通过将玻璃瓶回收清洗再利用，从而达到循环使用的目的。另外，在一些城市甚至对透明、褐色以及绿色的玻璃瓶、罐进行单独回收（如图 8-1）。

图 8-1　分别收集易拉罐和玻璃瓶

3. 家具及特殊垃圾的回收

对于像冰箱、沙发、床垫等大型的家具垃圾，可送到垃圾回收场，不收取费用。德国每年有专门处理大型旧家具的日子，主人会事先将不用的家具垃圾准备妥当，到了那一天，将其在规定的时间内摆在屋外。有心想利用这些旧家具的人便在这时到处物色，将中意的东西搬回家，被拣剩的家具最后由大垃圾车搬走。对于有可能污染环境的垃圾，德国特别规定：凡可能污染环境的物品，用毕或过期后必须交回商店，或丢弃于特别设置的垃圾箱，以集中特别处理，不可随意丢弃。除了公众的自觉性外，

必要的外界监督和处罚也必不可少。德国有一类专门检查垃圾分类执行情况的工作人员，被称为“环境警察”，他们会偶尔登门拜访，抽查居民是否把垃圾放到指定的桶里。如果发现居民分类不当，他们会及时指出，严重的还会开出罚单。

二、日本的做法

为了能促进生活垃圾资源化，日本政府制定了《包装容器再生利用法》、《循环型社会形成推进基本法》和《废弃物处理修改法》。这些法律的主要目的是控制和防止固体废物污染，保护公众健康和环境，促进资源的循环利用。在日本，生活垃圾分类要在家庭中完成，一般将生活垃圾分为 4 大类处理。

1. 一般垃圾

包括纸屑类、草木类、包装袋类、皮革制品类、容器类、玻璃类、餐具类、非资源性瓶类、橡胶类、塑料类、棉质白色衬衫以外的衣服毛线类。

2. 可燃性资源垃圾

包括报纸（含传单、广告纸）、纸箱、纸盒、杂志（含书本、小册子）、旧布料（含毛毯、棉质白色衬衫、棉质床单）、装牛奶和饮料的纸包装盒。

3. 不燃性资源垃圾

包括饮料瓶（铝罐、铁罐）、茶色瓶、无色透明瓶、可以直接再利用的瓶类。

4. 可破碎处理的大件垃圾

包括小家电类（电视机、空调机、冰箱/柜、洗衣机）、金属类、家具类、自行车、陶瓷器类、不规则形状的罐类、被褥、草席、长链状物（软管、绳索、铁丝、电线等）。

每一种垃圾都有严格的投放时间。厨余垃圾每天投放最早，其余的垃圾也规定了每周固定的投放时间：一般垃圾每周 2 次，其他类垃圾每月 2 次。

垃圾中转运输站等机构每年年初都会给责任区内的每一个家庭发放垃圾挂历，每天收运什么垃圾，在挂历上都有说明，一目了然。居民每天只管按图行事，就轻松做到科学分类回收（如图 8-2）。每一类垃圾的“终点”都有着清晰的路径——可燃垃圾直接送往垃圾焚烧厂，烧完的残渣被运到垃圾填埋场填埋；不可燃垃圾经中转站被送往不可燃垃圾处理厂，经拆解利用制成再生品，剩余物被送往填埋场；粗大垃圾先经专门的破碎处理，可利用成分回收，可燃部分送往焚烧场，剩余部分送往填埋场；资源类垃圾则送往再生设施进行加工利用，生产出再生品；危险类垃圾被送往危险类专门处理机构。

日本土地资源缺乏，垃圾填埋成本高昂，发展空间有限，因此日本采用了焚烧的方式来处理生活垃圾。日本拥有生活垃圾焚烧厂 1 000 多座，生活垃圾年焚烧处理能力约为 4 000 万 t 的水平，焚烧处理比例接近达到 80%。焚烧生活垃圾后产生的熔渣可用作建筑替代材料。由于自然资源紧张，日本非常重视资源回收再利用研究，在政府的推动下各科研机构积极研发环保再生技术，垃圾这座潜在的资源宝库得以被充分的开发利用，当前日本的环保再生产业已经处于世界前列。

图 8-2　日本的分类垃圾桶

三、中国台湾的做法

中国台湾将废弃物（垃圾）分为一般废弃物和事业废弃物（包括有害事业废弃物和一般事业废弃物），其中一般废弃物分为巨大垃圾、资源垃圾、有害垃圾、厨余（分为堆肥厨余与喂猪厨余）垃圾、一般垃圾 5 类。中国台湾生活垃圾终处理以焚烧发电为主，填埋、喂猪、堆肥、回收利用为辅。为了落实执行好垃圾分类，中国台湾建立健全了管理机构和一套完整的法律法规体系，各级环保局具体负责废弃物的回收、清除处理，颁发了《废弃物清理法》、《废弃物清理法施行细则》等系列相关法规，使得垃圾分类有法可依、有据可查。

以台北市为例，1996 年，台北推行“垃圾不落地”政策，取消原先固定放置在小区门口的垃圾桶，改由垃圾车定时定点收垃圾，每周 5 天收垃圾，不同区域规定了不同的收运时间。居民将分类好的一般垃圾投放到垃圾收运车内，厨余垃圾投放到红色或蓝色塑料桶中，资源垃圾分类投放至资源回收车的回收袋中。2000 年又新推出垃圾处理费随垃圾袋征收的新政。未使用“专用垃圾袋”者，可处 1200~4 500 元台币罚款，资源回收物、厨余垃圾可免费清运。2005 年，全球 100 多个城市签订《旧金山

绿色都市宣言及城市环境协议》，共同承诺 2040 年达成垃圾零掩埋的目标，台北市承诺提早在 2010 年底即可达成，领先绿色都市宣言目标 30 年！台北市 2010 年“垃圾零掩埋、资源全回收”政策内容包含六大计划：垃圾焚化厂飞灰再利用处理计划、垃圾焚化厂底渣再利用处理计划、垃圾全分类厂设置计划、污（沟）泥再利用处理计划、山猪窟延长使用计划、家户厨余分离清运回收再利用处理计划。经过持续的努力，与 2000 年相比，2010 年台北市家庭垃圾量日均从 2 970t 下降到 1 000t，减量 66%；人均垃圾日产量由 1.12kg 降为 0.39kg；资源回收的比例从 2.4% 提高到 45%，末端处理率仅为 3%。台北市有 3 个垃圾焚烧厂，日处理能力达 4 200t。另有一个填埋场：山猪窟垃圾掩埋场，到 2010 年日掩埋量仅为 59t，比 1994 年掩埋垃圾锐减 97.6%，仅填埋焚烧后的剩余物和作为应急处理设施。

四、韩国首尔的做法

韩国首尔市的垃圾管理政策方向在于尽可能减少对现有资源的浪费，对废弃物尽量进行循环利用，确保对不可回收物的处理。具体措施包括：①从源头减少垃圾废弃物的产生，倡导节约；②通过垃圾分类收集，扩大垃圾循环利用力度；③为居民提供便利设施，方便市民进行垃圾分类排放，建设环保型垃圾处理设施；④通过鼓励措施激励市民自觉参与减少垃圾排放，参与促进垃圾循环回收利用。

首尔市将垃圾分为生活垃圾和工业垃圾两大类，生活垃圾指

可回收物

废纸、废金属、废塑料、玻璃等

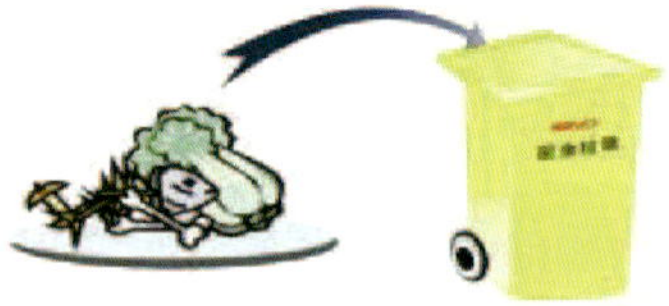

厨余垃圾

剩菜、剩饭、骨头、菜根、菜叶等

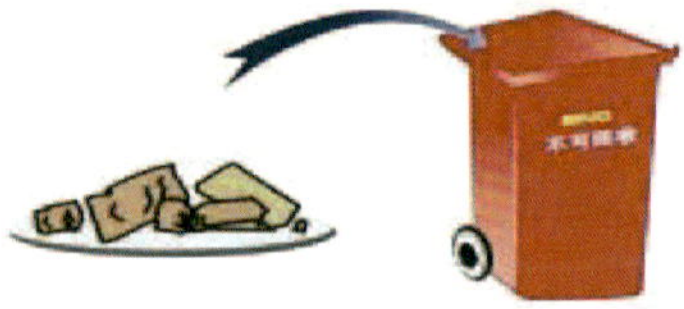

不可回收物

包括上述两种以外的其他废弃物

的是居民日常生活丢弃的各类垃圾废弃物，工业垃圾是由于不同产业部门从事各类经济活动产生的垃圾。首尔市政府负责统一管理有害特殊垃圾处理，并为各社区提供技术和资金支持，各个社区的政府部门以及垃圾处理私营公司共同负责各地区的生活垃圾的收集、运输和处理。

由于引入了新的垃圾处理收费标准，短短几年内首尔市垃圾产生量大幅度下降。2001 年首尔市每天平均产生各类垃圾由 1994 年的 15 397t 下降到 11 339t，人均每天产生垃圾从 1994 年的 15.4kg 下降到 11.4kg。

1. 家庭起居垃圾收集

家庭起居垃圾是指市民日常生活丢弃的杂物及各类废弃包装

等小体积废弃物，不包括可以回收利用的废弃物、食物残渣及大体积的废弃物等。市民在丢弃这类垃圾时必须使用首尔市统一规格标准的塑料垃圾袋，并在日落之后放到指定的垃圾箱内，工作人员通常在日出之前进行收集。在首尔市各类住宅区，各个社区政府机关以及其他一些指定地点都安装专门的特殊分类收集垃圾箱，收集家庭产生的废弃荧光灯泡和废弃电池，环卫工人负责定期收集。收集的废弃荧光灯泡将送到处理厂进行处理，其中水银及玻璃成分将提取出来循环利用，收集的废弃电池送到废弃物回收厂进行处理。

2. 食物残渣收集

2000 年开始首尔市食物残渣垃圾实行单独分类收集，住宅小区通常在垃圾分类收集箱内安装专门食物残渣收集盒。市民倒弃食物残渣时，首尔市有关部门不断宣传教育市民，不要将有害物质、硬质物质比如骨头或贝壳等混入食物残渣，有利于对食物残渣的处理和利用。

3. 可循环废弃物收集

首尔市对 5 类废弃物进行循环回收利用，包括纸类、瓶子、罐头盒类、塑料制品以及金属残片和金属制品。从 1996 年废弃的聚苯乙烯泡沫塑料也被列为循环回收废弃物，1999 年废弃的衣物和棉被也单独进行收集和循环利用。首尔市下属各社区对上述可回收物的收集方法有些不同，总的来说大多数高层住宅小区尤其是高层公寓小区，通常都设有 5~6 种可回收物收集装置，单独收集上述各类可循环利用废弃物，在那些独门独户住宅区域，则通常是只有 2~3 种可回收物收集装置，统一收集上述各类可回收物。

4. 大尺寸家庭垃圾收集

大尺寸家庭垃圾指的是体积较大，无法用标准垃圾袋装的废弃物，包括废弃的家用电器和废弃家具。居民可以选择缴纳一定费用，电话预约相关社区主管部门或政府当地私营垃圾收集代理机构上门回收，也可以选择自行将这类大尺寸家庭垃圾运送到政府垃圾集中站点，免交相应收集费用，甚至可以报告其所在地区垃圾回收利用中心，如果经过垃圾回收中心确认可以再利用并将其回收，居民也不需要支付任何费用。